古いものほど価値がある

捨てずに生かす!

能宗孝

公益財団法人
能宗文化財団
福山自動車時計博物館館長

PHP

はじめに

広島県の福山駅は岡山と広島の間にある山陽新幹線の停車駅です。近くには築城400年を迎えた福山城が堂々たる姿で駅を見下ろしています。この福山駅から北に約1キロのところに「福山自動車時計博物館」があります。

赤煉瓦の明治の洋館風の建物の中には、明治、大正、昭和の時代に日本を駆け抜けたオールドカー約50台や家庭にあった柱時計（ボンボン時計）、江戸時代の日本独特の和時計、さらには欧米の古い塔時計（タワークロック）などさまざまな古き良きモノたちが展示されています。

博物館に一歩、足を踏み入れた人々は、まるでタイムスリップしたかのような錯覚におちいるでしょう。年配の方々は一気に時代をさかのぼって、子ども時代の懐かしい光景を思い出すかもしれません。

若い方々は大正や昭和のロマンの香りに、感性を刺激されるでしょう。博物館の中にあるのは自動車や時計だけではありません。アメリカ製のプロペラの軽飛行機があるかと思えば、エルビス・プレスリーやジェームズ・ディーンのろう人形もあります。

昭和の時代のご飯を炊いた家電製品や石油コンロが置いてあったり、ガラスケースの中をのぞけば、火縄銃や幕末に日本に伝来していたアメリカ製の銃（モデルガン）もあります。

しかも館内にある展示物は、さわったり、乗ってみたり、写真を撮ったりするのは自由です。まるでワンダーランドのような館内を五感を使って十分に楽しむことができるのです。

この博物館は私が46歳のとき、私財を投じてつくったものです。大量生産・大量消費・大量廃棄の日本では、古い時代のものがすべて失われてしまう。そんな危機感が私を後押ししたのです。あれから33年間、「福山自動車時計博物館」は変わらず年中無休で続いています。

ささやかながらも、私の使命は、忘れ去られてしまう庶民の文化や歴史を後世に残すことだと思っています。加えて、この博物館に来た人たちが五感を思い切り刺激され、失敗を怖れず、自信と笑顔を持って帰っていただきたい。

そんな思いで博物館を続けています。今回、この本を書くにあたって、私は自分自身の歴史や取り巻く文化を振り返ってみました。そしてなぜ私が「福山自動車時計博物館」をつくったのか、多くの方々に知っていただきたいと思います。

この本を読まれた方が、前を向き、自信を持って人生を生きられるように。そして古いものや歴史を大切にするように。そのために私の歩んだ道のりや考え方が少しでも参考になれば幸いです。

著者

捨てずに生かす！

目次

はじめに

第一章 人が自信を取り戻す不思議な博物館

第二章　思い続け、言い続ければ成る

第三章　苦労は買ってでもせよ

第四章
思い込みの枠をはずす～アメリカ留学

第五章 熱意が人を動かす

第六章

失敗の数だけ人は大きく賢くなれる

第七章 庶民の歴史や文化を後世に残す

第一章

人が自信を取り戻す不思議な博物館

ある日の光景……子どもはこうして育っていく

瀬戸内地方の暖かな日ざしがいっぱいに降り注ぐ朝、私は博物館の館内で清掃や備品の整理に勤しんでいました。

「福山自動車時計博物館」の一日が始まります。

博物館にいるとき、館長の私も学芸員もみな私服姿です。背広を着ていると、人はつい偉そうになります。でも、私服を着ていれば、汚れ仕事にも躊躇なく取りかかれますし、お客さんも気軽に話しかけやすい。

お客さんもみな私のことを用務員か来館者だと思うので、先日もフェイスブックで、「ロマンスグレーの用務員さんの方みたいになりたい」と書いた人がいました。

館長が用務員に見える博物館こそ私の理想。こんな博物館なんて、見たことがない！という博物館にするのが私のねらいです。

その日も館内の掃除をしていると、４、５歳くらいの男の子がお母さんに連れられて入ってきました。

一人っ子か末っ子のお子さんなのでしょうか。お母さんの手をぎゅっと握って離れません。私と視線が合うと、あわててお母さんの後ろに隠れてしまいました。

最近の子は、みなお行儀がよくて、おとなしい。子どもなんだから、もう少し感情がはじけてもいいだろう、と感じるのは私の勝手な思い込みなのでしょうか。

そんなおとなしい子どもでも、博物館の中に一歩入ると表情が一変します。何しろ目の前には本物の自動車がズラリと並んでいます。公園で見る遊具の自動車とは迫力がまるで違う。みるみる目が輝いていくのがわかります。

その男の子がピタッと止まったのは、昭和10～20年代に活躍した消防車の前でした。まっ赤な車体と後ろにのせた蛇腹のホース、運転席には大きなハンドルがあります。男の子が思わず、消防車にさわろうとしたそのときです。お母さんがすかさず声をかけました。

「さわっちゃダメ！」

たしかにそうです。通常の博物館であれば、展示物にのることやさわることなどとんでもないことです。博物館には貴重な展示品がたくさんあります。指紋がついたり、傷がついたり、ましてや壊してしまいでもしたら大変です。

お母さんの判断は正しいのです。普通であれば。でもこの博物館は普通の博物館ではありません。

「のれ！　みれ！　さわれ！　写真撮れ！」

これは東山陽地方の方言で「乗ってみてください！　見てみてください！　さわってみてください！　写真撮ってみてください！」という意味の丁寧語の〝ら〟抜き言葉です。「福山自動車時計博物館」は、来た人が展示されているモノに自由にさわり、車に乗り、写真を撮ってもいい博物館なのです。

「これをするな」「あれをするな」と禁止句や命令形ばかりでは、子どもは自信を失うばかりです。自分の目で見て、ふれて、経験したことが自信をつくり、成長につながります。

万一さわって壊れてしまったとしても、また直せばいい。モノならいくらでも直せます。そんなことより、子どもたちのリアルな五感や体験のほうがよほど大切ではありませんか。

ですからこのお母さんが子どもを制止したとき、私はすぐに親子に駆け寄って声をかけました。

「この博物館は自由に車に乗っていいんですよ。さわっていいし、写真を撮ってもいいんです。そのために展示してあるんですから。ほら、ぼく、消防車に乗ってごらん。好きにさわっていいし、乗っていいんだよ」

最初はもじもじしていた男の子でしたが、我慢しきれなくなったのか、消防車に乗り込みます。そしてハンドルを握ったときの嬉しそうな顔といったら。

「ほお～、ぼく、すごいね。立派な消防車の運転手さんだね」

私が感心してみせると、みるみる男の子が笑顔になりました。胸を張って、得意そうにハンドルを握ります。

「すごいぞ、すごいぞ、消防士さんだ！　ファイヤーファイターだ！」

さらに私が持ちあげると、男の子の顔には自信がみなぎってきました。ついさっきまで、お母さんの後ろに隠れて、もじもじしていた人見知りの男の子の姿は、もうそこにはありません。

男の子は博物館の車という車に乗り、ハンドルを握り、満足して、はずむように帰っていきました。その後ろ姿を見送りながら、私は博物館の役割を再度かみしめていました。

ご存じのように日本には自前で供給できるエネルギー資源が少ししかありません。アルミや銅、希少金属などの鉱物資源も不足しています。この日本で唯一頼れる資源は教育資源ではないでしょうか。

しかも日本はかつてない少子化の時代を迎えています。未来を担う子どもたち一人ひとりを大切にして、十分な教育を与える。それこそが日本がこれから生き延びていく道だと思うのです。

教育の原点は自信です。自らを肯定して生きる自信です。子どもたちに自信をつけさせる。失敗を怖れてはいけない、自分を肯定して生きられる。そういう場を提供するのが、私たち大人の役割ではないでしょうか。

博物館は、私と妹をアメリカへ留学させてくれた両親、幼稚園、小学校、中学校、そして高校、大学に感謝をして恩返しをする意味で、訪れた人が自信をつけてくれれば、という願いでつくった施設です。昭和22年生まれの妹は、地元の福山誠之館高校を卒業後、多摩美術大学に進学し、大学卒業後はアメリカのアート・センター・カレッジ・オブ・デザインで3年間学びました。その間、ゼネラルモーターズの奨学金をもらい5年間日本には帰って来ませんでした。

私は博物館で楽しそうにしている男の子の後ろ姿を眺めながら、改めて大人の責任の重大さを自覚したのでした。

体験したことは自信になり、自信がつけば、自分を肯定して生きられるようになる。その後押しをするのが、この博物館の使命のひとつなのです。

「ヘッドライトをなめている子がいるんです」

どうしたら、人に自信をつけさせることができるのか。その点について、深く考えさせられる出来事が起きたのは、今から30年以上も前のことでした。

「福山自動車時計博物館」がオープンしたてのころです。ある特別支援学校の子どもたちが、先生に引率されて、博物館にやってきたのです。展示物に関心を持つ子どもはたくさんいます。ましてや置いてあるのは、子どもたちが大好きな乗り物です。さわってみたいと思うのは当然でしょう。

「ここは自由にさわっていい博物館ですから」

開館当初から五感を大切にした博物館を考えていた私は、引率の先生に「どんどんさわらせてください」と伝えたのです。先生たちはほっとした顔をしていました。子どもたちははじかれたようにお目当ての車に向かって走り出し、めいめい楽しそうにさわったり、中に乗り込んだりしています。

そのときです。一人の引率していた先生が私のもとに来られました。

「子どもが展示してある車のヘッドライトをなめているんです」

私が見に行くと、たしかに一人の男の子が、戦前につくられたハート形グリルのダットサンフェートンのヘッドライトをなめています。精神に障がいのあるその男の子は、対象をなめることで、車の存在を確認していたのかもしれません。

先生が青くなって、なめるのをやめさせようとしましたが、私はそれを制止しました。

「自由にやらせてあげてください。好きなだけふれてもらうことが、当館の目的ですから」

驚くべきことが起きたのは、その後しばらくしてからです。

私が他の人に説明をしていると、引率の先生が「来てみてください」と私を引っ張ります。行くと、先ほどの男の子が車に乗り込んで、ハンドルを握っていたのです。先生は興奮したような口調で私に話しかけます。

「この子は病気のせいで、自分の意思で動くことがほとんどできませんでした。それなのに、いま自分で車のドアをあけて、座席に座り、ハンドルを握っているんです。こんなことは考えられません！」

まるで奇跡のようだ、と喜ぶ先生を見て、私も大変なことが起きているのを理解しました。

障がいのあるその男の子が、誰の助けも借りずに、自らの意思で立ち上がって、ドアをあけ、車に乗り込むだけでも、今まではありえないことでした。それなのに、今は自分でハンドルまで握って、運転する姿勢を取っているのです。

その表情ははちきれそうな笑顔と自信に満ちていました。この前向きなエネルギーを生んだのは、間違いなく、ヘッドライトを心ゆくまで確認し、堪能し、なめて、さわって、納得した体感があったからです。

自信とは自らを信じることです。自分の手でさわり、目で見て、耳で聞いたもの、五感を使って確かめたものは自分の自信になります。自信こそが人生を切り開くエネルギーになり、幸せをつかむ原動力になります。

自信をつけさせるためには禁止をしない。命令もしない。その子のしたいことを認めてやる。そして自分がやっていることを信じさせてやる。うちの博物館のように。そうすれば、どんな子であっても、自信を持って自ら動き始めるのです。このときの強力な体験が、私に確信をもたらしました。

「のれ、みれ、さわれ、写真撮れ」の標語を堂々と博物館の〝売り〟にするようになったのは、実はこのときの出来事があってからです。

「のれ、みれ、さわれ、写真撮れ」

話は横道にそれますが、「のれ、みれ、さわれ、写真撮れ」の言葉のアイデアは私の友人からもらったものです。「福山自動車時計博物館」が開館する2年ほど前の話です。

私は昔から廃車になるような車も含めて古い自動車を集めていました。もともと車好きだったのもありますが、古い自動車を見るとなぜか放っておけないのです。車が走りたがっている気がして、つい引き取ってはリストア（復元）したくなります。

私のところにはだんだん古い車が集まるようになり、その噂を聞きつけた個人や団体から古い車を貸し出してほしいという話が舞い込んできました。

そのときも、下関のデパートでクラシックカーの展示会をやるという話があり、私の車を20台くらい、貸し出していたのです。

下関の展示会場に少し遅れて到着すると、展示会に参加したボランティアの私の友人がすでにお客に「のられい、みられい、さわられい、写真を撮られい」と言っていました。展示してある車にどうぞ乗ってみて、というわけです。

私はびっくりしました。普通展示物には規制のロープを張って、お客さんが近くに寄れないようにしてあります。そうしないと、大切な車にベタベタさわられたり、もしかしたら壊されることもあるかもしれません。

しかしこのときは、ロープなし。車に自由にさわっていいし、乗ってもいい。お客さんも自由に乗り降りしています。

お客さんや子どもたちの楽しそうな顔を見て「これだ」と思いました。私も子ども時代、廃車に乗り込んで、ハンドルを回したり、座席の上に乗ってみたりして、よく遊んだものです。

あのときの座席の感触、スプリングの感じ、ハンドルを握ったときの高揚感、ボンネットを開けてエンジンを見たときのワクワクする胸の高鳴りがよみがえってきました。あの楽しさを自分だけが味わって、他の人に経験させないというのは、どう考えても了見が狭すぎる。

「あなたが乗らなきゃ、お客さんも乗りにくいよ」

と友だちにせかされて、車に乗り込んでみると、それまで遠慮していたお客さんまで我も我もと展示の車に乗り始めました。大人も子どもも車にさわったり、乗ったり、ハンドルを握ったりしてはしゃいでいます。

その姿を見て、私の考えも変わりました。あんなに楽しんでもらえるなら、もう自由に乗って、さわって、写真も撮ってもらえばいいではないか。

そもそも車は人に見せびらかしたり、どこかに飾って自慢したりするものではありません。車は人が使うためのもの、車の役割は道具です。道具なら、道具らしく、人に使われるのが本来の姿です。

そのころ、すでに私の中には古い車を集めた自動車博物館をつくる構想があったのですが、デパートの展示会場で喜んでいるお客さんの姿を見て、自分がつくる博物館はぜったい自由にさわって、乗り降りできるものにしようと決意しました。

「のれ、みれ、さわれ、写真撮れ」は、デパートで友人が言っていた言葉をヒントに考えたものです。博物館を開館する2年前のデパートでの経験が、今の「福山自動車時計博物館」につながっていくのです。

私が言うことを聞かない子をほめるわけ

「福山自動車時計博物館」は社会見学や課外授業で、小中学生や高校生がやってきます。時間が許す限り、私は子どもたちの前に立って、博物館の説明をしています。それはただの説明ではありません。

子どもたちに自信をつけさせる教育をしているつもりです。博物館の内容について語るだけなら、専門の学芸員がやればいい。私が子どもの前に立つのは、私なりの考えと経験にもとづいた行動です。

子どもたちの前に立つと、私はまずこう言います。

「みんな、床に座ろうや。これからおじさんが面白いことを話すぞ」

「階段のところに座れ」とか「話を聞け」とか「おしゃべりするな」など命令形や禁止

句で言うことはまずありません。そんなことを言ったら、とたんに子どもはやる気をなくすか、反発してくるでしょう。

でも用務員のようなおじさんが、なにか面白そうなことを話すと言う。この人、いったい誰だろう？　それだけでも好奇心を刺激され、子どもたちは自らの意思で指定された場所に座ります。

私は子どもたちを見まわして、いちばん落ち着きがなさそうな子を探します。どの集団にも、言いつけを守らないで、帽子をかぶっていない子とか、チョロチョロ動き回って落ち着かない子とか、座っていてもじっとしていられず、ゆらゆら体を動かしている子がいます。そういう子を見つめながら、引率してきた先生に質問するのです。

「あれえ、先生。今日はどうしたんですか？　いい生徒ばかり選んでつれてきたんですか？　だって、みんなを見てください。とても集中して私の話を聞いていますよ」

先生はきつねにつままれたような顔をして「何を言っているんだ。この人は」という表情で私を見ています。一番びっくりしているのは、当のその子です。

ふだんは落ち着きがなく、叱られてばかりであろうその子が、みんなの前で私にほめられたのですから、最初はぽかーんとした顔になり、そのうちだんだん照れくさい笑顔になります。

　私の目的は学校になじめない子、勉強が面白くない子、そのうち登校拒否になってしまうかもしれない子が自信を持って、楽しく学校に通ってもらうことです。だから落ち着きのない子こそほめる。うんとほめてやるのです。

　そうすれば、子どもは必ず成長します。命令形や禁止句は伸びようとする可能性の芽を摘んでしまう。ほめて、認めて、五感を使った体験をさせてやれば、自信の芽がどんどん育って、人は大きく成長します。

　いろいろな学校が博物館にやってきます。しかし、学校によっては、私の言うことがまったく理解できない先生もいます。そういう先生に引率された子どもたちは不幸です。

　先生自身が博物館を教育の場ととらえていない場合、子どもたちの関心も薄い。一事が万事、そういう教育が行われていることがわかります。

なぜ、まだ使えるものを捨てるのか？

私は若いころから古い車に興味をひかれ、集めていました。しかしそれは趣味ではありません。私のことを「コレクター」と勘違いする人がいるので、あらかじめ言っておきますが、私は趣味で車を集めていたのではありません。

古くなれば何でも捨てる。古い文化や伝統を大事にしない。そんな世の中の風潮に危機感を覚えていたから、私ができる範囲で昔のものを残そうとしているのです。

ですから集めているのは車だけではありません。私の会社の社屋には世界中から集めた古い懐中時計が保管されていますし、かつてのタンスや机など古い家具も置いてあります。

今は2022年に新たにオープンした「まちづくり博物館」を充実させるために、瓦や銅板、御影石など建物に使われていた資材も集めて使っています。それらを見るだけで、その時代の技術や生活が伝わってきます。生きた歴史がわかるのです。

とくに車は日本の技術を代表するものです。古くなったからといって、どんどん捨てていったら、人々がどんな暮らしをしていたのか、日本の技術がどんな変遷を経て、今日にいたったのかわからなくなってしまうではありませんか。

戦後、日本はＧＨＱのマッカーサーによって自動車製造を禁止されました。アメリカは、日本にはゼロ戦や戦艦大和のようなものをつくる技術があるからアメリカを追い越すと思ったのでしょう。

元来日本人は平和を重んじる礼節ある民族です。高い技術力を持っていますが、それを利用する知恵や道徳心も持ち合わせています。

まだ使えるものは、最後まで使うべきです。古いものには心が宿っているというのが、私の感覚です。感覚ですから、証明はできません。人にも、「そう思え」と強制はしません。ただ、私はそう感じるだけです。

そして心が宿っているものは、必ず生きている。つまり「使える」のです。モノとしての役割が——人の役に立つ使い道があるのです。

今の人たちは、自動車でも時計でも、家具でも建物でも、瓦でも、ただ古くなったという理由だけで、簡単に捨ててしまいます。

その生き方の延長にあるのは、人の使い捨てです。古くなれば、人でも簡単に捨ててしまう。まだ心があるのに。働く意欲があるのに。クビを切って、若くてコストが安い人材に切り換えてしまう。

そんな合理主義一辺倒の心がない世の中で、みなが幸せに生きていけるでしょうか。人は誰でも年をとります。古くなります。自分が古くなったとき、今度は自分が捨てられる側になる。

古いからというだけで、簡単に捨てられたらどんな気持ちがしますか。

私の博物館はコレクションしたものを見せびらかす場所ではありません。実際に当時の生活や文化にふれ、体験してもらう場です。古いモノたちは、喜んでその経験を伝えてくれるでしょう。私の博物館は教育の場なのです。

日本に自動車の博物館は20館以上あると聞いていますが、みなロープを張って、車にはさわれないようにしてあります。自由に乗って、見て、さわれるところは私の博物館だけ。

ここは人を育てる場所。人に自信をつけてもらう場所。そうした明確な考え方にもとづいているから、他の博物館とは一線を画しているのです。

年中無休、高校生以下は土曜日無料に

普通、博物館は月曜日が休みです。公共の施設も月曜日休みが多い。知り合いが東京へ視察に行った際、博物館や美術館が月曜日はみな休館で往生したという話を聞いたことがあります。そんな博物館ならないほうがいい。

月曜日を休館にするのは、働いている人に休みを取らせなければいけないという理由からなのでしょう。それなら交代で休めばいい。

博物館は見に来てくれるお客さんのためにあります。せっかく来ていただいたのに、休みだったら申し訳ありません。

ということで、「福山自動車時計博物館」は年中無休、365日開館です。午前9時から午後6時まで。年中無休。正月もお盆も休みはありません。職員は交代で休みを取っています。新型コロナウイルス感染症の拡大で緊急事態宣言が出されたときだけ、行政からの要請で二度ほど休みましたが、開館以来、休んだのはそれだけです。

それでうまく回っています。世間並みに休みが取れないことで、不満に思う職員がい

ないわけではありませんでしたが、そういう人は辞めていきました。

この仕事は人を育てることが好きでないと務まりません。古い時代の文化や生活を次世代につなぐという使命感、そして来てくれたお客さんに自信をつけて帰ってもらうというやりがい。その趣旨に共感して働く人たちばかりなので、お客さんが入ってくると、積極的に話しかけ、働きかけています。つくづく奉仕の精神がないと務まらない仕事だと思います。

学芸員が一生懸命なので、リピーターも増えています。「ここに来るとほっとする」と言うお客さんもいるほど。当館がいつ来ても開いているから安心できるのでしょう。私たちは大変ですが、365日無休はこれからも続けていきます。お客さんへの奉仕はそれだけではありません。この博物館は土曜日は高校生以下はすべて無料になります。

ふだんは3歳から300円（250円※15名以上の団体料金）、中高生600円（500円）、大人900円（700円）、65歳以上600円（500円）、障がい者600円（500円）の入館料をいただいていますが、土曜日は高校三年生まではタダで博物館に入館できるのです。

土曜日無料の試みは開館のときからスタートしています。学校が土曜日休みになると、子どもたちは学校に行っていた時間帯に家にいなくてはいけません。

その分の余暇を有意義に活用できるよう、学習機会の充実に協力する施設の募集が1998年、文部省（現・文部科学省）で行われました。正確には「私立博物館における青少年に対する学習機会の充実に関する基準」です。

「福山自動車時計博物館」はその基準に合わせせました。補助金などはいっさい出ませんが、それが目的ではないのでかまいません。

どこにも「認定」の文字はありませんが、言ってみれば、文科省お墨付きの「学習機会を充実させる」施設なのです。要するに学校に登校するかわりになる施設です。だから高校三年生以下は土曜日は無料なのです。

ときどき、当館を遊園地と勘違いされている団体があります。たしかにこの博物館は乗って、さわって、体感できるミュージアムですが、遊ぶ場所ではありません。あくまでも学習する場、教育の場としてとらえてほしいと思います。

教育の場ですから、当博物館ではいろいろなものを展示しています。古い自動車や三輪車、スクーターなど乗り物はもちろんのこと、昔の生活がうかがえるタイル張りの流し台や汲み取り式和式トイレ、おもちゃや楽器もあります。

また歴史上の人物を模したろう人形も並んでいます。福山城や芦田川とならび福山のアイデンティティでもある、水野勝成公や阿部正弘公、その他、ペリー、吉田茂、マッカーサー、リンカーン、オバマ元大統領、エジソン、ヘンリ・フォード、エルビス・プレスリー、ジェームズ・ディーンなどのろう人形が並んでいます。

イギリスのマダム・タッソー館と同じように、たくさんの展示品の中から自分なりに興味や関心のあるものを感じ取ってもらえれば、私は十分だと思っています。

すべての人に自信を持たせる

博物館を運営していると、「儲かっていますか?」とよく聞かれます。答えはＮＯです。入館料を稼ぐのが博物館ではないからです。

私はお金を儲けるために博物館をやっているのではありません。何度も言いますが、私は来てくれた方に自信をつけてもらいたい、そして古い文化と生活を大切にして、何でも使い捨てにする世の中の流れをくい止めたいという気持ちで、志(こころざし)を持って博物館を続けているのです。

結局、私がやろうとしているのは、すべての来館者に自信を持っていただくことなのだと思います。私は博物館以外にも賃貸マンション事業の会社を経営していますが、その会社でも人を育てているつもりです。

縁あって私の会社に入ったからには、役に立つ人間に成長してほしい、私の会社に入ってよかったと思ってほしいと心から願いながら、会社経営をしています。博物館を運営しているのも、ここに来る子どもたちに何かを感じ取って、堂々と前向きに生きられる大人になってほしいからです。

そういう志で博物館を運営しているのです。

県立博物館など、公立の施設では、自治体のトップや政治家、海外からの要人が来るときは、貸し切りにするのが普通ですが、うちはやりません。偉かろうが、偉くなかろうが、そんなことは私には何の関係もない。

そんなふうだから、私の博物館のことを苦々しく思っている人たちはいるかもしれません。どう思われようとかまわない。

各地に〝嫁入り〟したボンネットバス

私は動かない車を見ると、むしょうに動かしてやりたくなって、いてもたってもいられなくなります。弱っている動物を見つけたとき、手をさしのべて、なんとか元気にしてやりたいと思う気持ちと似ています。

車が動かなくなると、普通は自動車屋さんが直します。でも彼らでは直せない車もある。そういう車が助けを求めて私のところに集まってきます。もし車が口をきけたら、私のところは〝最後の砦〟と言うかもしれません。

あるボンネットバスに出会ったときも、私はこの車が救いを求めている気がしてなりませんでした。

バスはもう一度お客さんを乗せて走りたがっている。何とかして修理して、道路を走らせてやりたい。そう思ったのです。

そのバスに出会ったのは竹原市の忠海(ただのうみ)という場所でした。くず鉄が集められる空き地に、大量のゴミやタイヤや工具など産業廃棄物と一緒に放置されていました。情報を聞きつけて、私は忠海まで行き、ボロボロのそのバスを見つけました。

野ざらしになっていたその姿を見たとき、この貴重な車をこのままスクラップにしてはいけないと、強く心に思いました。なぜならこのバスは昭和30年代に製造された非常に古い希少なボンネットバスだったからです。

ボンネットバスといえば、１９６０年代までは日本中で当たり前に走っていたバスです。戦中、戦後を生きた世代の人たちには郷愁を誘う存在でしょう。

ほとんどがスクラップにされてしまいましたが、どこかでわずかでも残っている車体があれば、「福山自動車時計博物館」で取得して、修理、整備し、走れるようにリストアしています。

竹原市の忠海で野ざらしになっていた希少なボンネットバスは、いすゞが生産したもので、宮崎駿監督の『となりのトトロ』に登場するネコバスのモデルになったともいわれています。

所有者である自動車解体業者に譲ってほしいと交渉を重ねたのですが、色よい返事がもらえないまま、月日が過ぎてしまいました。

ところがある日、その業者から突然、連絡が入りました。バスを譲りたいからすぐに引き取りに来てほしいというのです。

何でもバスを置いてある土地から立ちのくことになり、ボンネットバスもろとも、廃棄物はすべて処理されることになったというのです。

私たちが駆けつけたときは、すでに整地業者が入り、バスは運び出される寸前でした。間に合ってよかった。私は、さびてボロボロになり、車内はゴミ捨て場と化したそのバスを引き取って、1年2カ月もの月日をかけて、修復しました。車検も無事、通過。普通のバスと同じように一般道も走れるようになりました。

生まれ変わったこのバスは、新潟県のある企業の人がひと目惚れし、町おこしにどうしても使いたいからと望まれて、譲渡することにしました。

先方の強い熱意に動かされ、〝嫁入り〟させることを決意したのです。盛大な出発セレモニーをして送り出したこのボンネットバスは新潟県湯沢町で観光バスとして活躍しています。

生き返らせてくれて、ありがとう。私にはバスがそう語ってくれているように思えてなりませんでした。

ちなみに、私のところでリストアし、〝嫁入り〟させたボンネットバスは全部で12台あります。大分県の豊後高田市や鳥取県の岩美町などへ。福山でも鞆鉄（ともてつ）バスが春〜秋の土日祝に福山駅と鞆の浦を結ぶ定期観光バスとして活用しています。

スクラップ同然だったものでも、きちんと手入れしてやれば、命を吹き返します。古いからと簡単に捨ててしまってはもったいない。モノにも生まれてきた役割がありま す。ボンネットバスには、高齢者の回想療法として役立つという役目もあるのです。

人を元気にしたり、笑顔にしたり。その役割をまっとうさせてやるのも、モノをつくった人間の責任ではないでしょうか。

「もう一度街を走りたい」バタンコの声が聞こえた

リストアするのはボンネットバスだけではありません。「福山自動車時計博物館」に展示されている車は、多くのものが、スクラップ状態から実際に走れる状態にまで復元されたものです。

参考までに、当館がどうやって昔の車を復元するのか、一例をお話ししましょう。原爆で焼け野原になった広島の街。その街を戦後復興の象徴として走り回っていた「バタンコタクシー」という車がありました。広島タクシーという会社が走らせていた車で、三輪自動車の後ろに客席をつけたものです。

車体はフレッシュな緑色です。一面の焼け野原で、緑がいっさいなくなった広島の人たちに、せめてもの癒しを、ということで車体を緑色にしたと聞いています。

戦後しばらくすると、四輪自動車が主流になり、バタンコはあっという間に姿を消しました。現存するものはどこにも残っていないといわれています。

私がマツダ三輪トラックLBを見つけたのは、博物館を開館する少し前のことでした。どこから見ても、さびだらけの鉄くずにしか見えないあわれな姿の三輪トラックでしたが、その姿でも、戦後40年以上も残っていたことが奇跡のようでした。

私にはバタンコの「もう一度街を走りたい」という声が聞こえるような気がしました。どん底にあった広島の人たちの足として活躍した三輪タクシーを復元したい。私は使命感を感じて、復元に立ち上がりました。

図面はどこにも残っていませんでしたので、まずは当時の写真を見て、車体をつくるところから始めました。車体のフロント部分は、写真から割り出しました。

当時の車体は残っていないので、写真から想像するしかありません。タイヤやハンドルの大きさから車体の大きさを割り出し、ゼロから板金しました。

部品も残っていないので、すべて手づくりで復元するしかありません。マツダで試作車をつくっていた熟練の板金工に時間をかけて丁寧に手づくりで再現してもらいました。

すべて手仕事で、手間も時間もお金もかけてようやく復元したのが、今、博物館に展示している広島タクシーのバタンコタクシーです。この車は瀬戸大橋の開通記念パレードにも参加しています。

戦争を経験したお年寄りが、パレードで街なかを走るこの車を見て当時を思い出し、涙が止まらなかったという話を聞き、復元して本当に良かったと思いました。

このように、博物館に展示された車には、ここに至るまでの物語を一台一台が持っているのです。

赤煉瓦の明治の洋館風の博物館。展示物に自由にさわって、乗って、写真を撮ってもいい

ボンネットバスは車検を受けているから公道を走ることができる

戦後復興の象徴として広島の街を走り回っていたバタンコタクシー（手前）は、すべて手づくりで復元した

第二章

思い続け、言い続ければ成る

スミソニアン博物館で受けた衝撃

「なぜここに日本のモノが置いてあるんだ?」

私は、ちょんまげ姿の日本人のろう人形の前で、茫然と立ちすくんでいました。場所はアメリカのワシントンにあるスミソニアン博物館。そのとき私はアメリカに留学中の21歳。夏休みを利用して、アルバイト先のハドソン川上流のキャッツキルマウンテンへ行くついでに、この博物館を訪れていたのです。

浮世絵を刷る摺師のろう人形でした。手に竹の皮でつくったバレンを持ち、版木の前にひざまずいて、今まさに浮世絵を刷ろうという様子をあらわしていました。

私は日本人だから多色刷りの浮世絵には、何もびっくりしませんでした。

近くには江戸時代の和時計の数々が展示してありました。中にはゼンマイ仕掛けで動き、目ざましやカレンダー機能までついているものもあり、「江戸時代にそんなものがあったのか」とびっくりするしかありませんでした。

ヨーロッパの時計の針(短針)は今の時計のように一日二回転しますが、日本の和時計は一日一回転しかしません。和時計の場合は一本だけの針が一日一回転するものと、針は固定されていてまわりの文字盤が一日一回転するもの、二種類があるのです。

日本ではただのガラクタとして処分されてしまうような古いモノが、アメリカの国立博物館であるスミソニアン博物館に堂々と展示されている。それらは過去の歴史や生活を知るための貴重な史料だったのです。

当時の日本にはおよそない発想でした。私が青年時代を過ごした昭和30年代は、まだ日本の地方都市には博物館や美術館はありませんでした。大都市には少しありましたが、いずれも高価な美術品や工芸品が中心で、庶民の生活用品などは置いてありません。

ですから、スミソニアン博物館に展示されていたような日本の江戸時代の民具や文化、生活については知る由もなかったのです。それが日本から遠く離れたアメリカで教えられたのですから、まさにカルチャーショック以外のなにものでもありませんでした。

それだけではありません。館内を見学してみると、爆撃機の飛行士が着ていたボンバージャケットや古いジーパンまでもあります。まるでタイムカプセルの中をのぞいているような感覚になりました。

日本ではみんな捨ててしまうのに、アメリカではちゃんと保存しておく。だから昔の生活のこともきちんとわかる。自分の国のことだけでなく、他国である日本のこともわかる。日本人がアメリカに行って、日本のことを習ってくるとは、こんな馬鹿なことがあるだろうか。

「日本に帰ったら、日本で失われつつある道具を集めて、いつか昔の生活を記録する博物館をつくろう」

そのときの思いが、のちに「福山自動車時計博物館」をつくる構想につながっていくのです。

マンションの一階にオールドカーを置いてみる

もともと私は車が好きでした。アメリカ留学から帰国した後、私はオールドカーを買い集めるようになりました。車だけではありません。古い時計や家具なども、目についたものは、できるだけ集めるようにしました。スミソニアン博物館で見たあの光景が忘れられなかったからです。

とはいっても、まだこのときは、将来博物館をつくろうというはっきりした構想があったわけではありません。

ただ、古い車や時計を平気で捨ててしまうのが、ひたすらもったいなかった。古いモノを大切にしていると、モノに心が宿るような気がしてきたのもこのころからです。

私の家は家具屋をしていたので、家具を保管する倉庫がありました。ですから私が収集したものの保管には困りませんでした。しかしさすがに車は大きい。数が増えると置き場所に苦労することもありました。

思いついたのが、うちで所有しているマンションの一階に、古い車を飾りとして置くことです。そのヒントとなった光景があります。

あれはまだ高校生のころでした。東京のいとこのところに遊びに行った際、代々木のおしゃれなマンションの前にロールスロイスが置いてあるのを見たのです。

たしか「代々木荘アパートメント」という名前だったと思います。今でこそ「〇〇荘」というと、オンボロアパートを連想してしまいますが、当時はおしゃれなマンションに「〇〇荘」という名前がついていました。

しかも私が見たのは鉄筋コンクリートづくりです。福山にはまだ鉄筋コンクリートのマンションはなかったので、私にはとてもハイカラに見えました。

「さすが東京だ。建物もとてもゴージャスじゃないか」

さらに感心したのが、一階にオブジェとして置かれたオールドカーです。車好きの私にはたまらない光景でした。思わず、近くに寄って、しばらく眺めていたくらいです。その光景が目に焼きついていたので、うちで賃貸マンションを建設した際に、すぐ「一階に車を置こう」と思いついたのです。

ためしに、新しく建てた賃貸マンションに私が持っていたオールドカーを置いてみたら、これが意外に評判がいい。

「この車はどこのですか?」「古い車ですね。いつの年代のですか?」「おしゃれですね」などといろいろ聞かれます。世の中には古い車に興味を持つ人がけっこういるのだな、というのが、私の率直な感想でした。

その後、私は不動産賃貸業に本格的に乗り出し、賃貸用のマンションを次々と建設しました。建てたマンションに車を飾ると、入居率が上がり、私のマンションは福山市ではちょっとしたブランドマンションになったのです。

人々が生きた生活や文化を残す

私がオールドカーを集めているのが知られるようになると、「あそこに昔のミゼットがあるよ」「消防車の古いのがあるらしい」という情報が自然に集まるようになりました。「うちに廃車になった古いダットサンがあるので引き取ってほしい」という話もきました。

車の状態を見に行って、引き取れそうなものは譲ってもらいました。プレミアムがつくクラシックカーなら譲渡してもらうのに大金がかかりますが、私の場合はオールドカー、つまり一般的な中古車ですから、それほどお金はかかりません。

中にはタダでもらってきたものもあります。ガラスが割れたり、タイヤがパンクしたり、車体がさびだらけになったりして、もうボロボロのくず鉄同然になったものもありました。それを直して、走られるようにするのが楽しい。

私が戦前のダットサン17型セダンを修理して乗っていたら、知り合いが「能宗さん、そんなにボロの車に乗らなくても、今はスバル３６０とかマツダのキャロルでいいのがあるじゃないですか」と言ってきた人がいました。

私は「いやいや、お金がないので、タダでもらった車に乗っているんですよ」ととぼけた顔で答えていましたが、本音は違います。古い車の価値がわからない人にいくら言っても無駄でしょう。

古いモノをコツコツ集めていれば、いつかは記録として役に立つ日が来るに違いありません。人々が生きた生活や文化は記録として残す人がいなければ、歴史の流れの中に埋没してしまうのです。

それに私は古い車のエンジンや機械の仕組みを見たり、いじったりするのが好きなのです。時計でも車でも古いものは、面白い。ゼンマイがあったり、歯車が上手に組み合わさっていたり、ずっと見ていても飽きません。

新しい車だとわけのわからないコンピュータが入っていて、全然ときめきません。古い車のエンジンを分解して、工夫して組み立て直すのが面白い。そういう楽しみもあるのです。

結局、かなりのオールドカーが集まるようになり、家業の家具屋が斜陽になったので、タンスの倉庫が車の収蔵庫となっていきました。

ときどきプライベートコレクションとして、好きな人には公開するようにしたところ、口コミでうわさが広がっていきました。

漠然と、自動車の博物館をつくったら面白いだろう、と考え始めたのもそのころ。つまり昭和50年代後半、私が40歳ごろからだったと思います。最終的に背中を押してくれたのは、五十嵐平達（へいたつ）さんという自動車評論家の先生でした。私のコレクションを東京から見に来られた際、

「能宗さん、このコレクション、一部の人だけに見せるのはもったいない。博物館をつくって、一般に公開したらどうですか」

とすすめてくれたのです。

昭和60年ごろにはもう博物館の骨格も固まってきて、63年にはオープンさせるつもりでしたが、五十嵐先生から、

「個人のコレクションだと相続の問題などでいずれ散逸してしまう。博物館にするなら、ぜったい財団法人にしたほうがいい。登録博物館でないとダメだ」

と強くすすめられました。たんに個人のコレクションを見せるためだったら、わざわざ面倒な財団法人にしなくてもよかったでしょう。

でも集めたものを公の財産として次世代に役立てるには、やはり個人のコレクションにとどめておくべきではありませんでした。

博物館は平成元年（１９８９年）７月４日に開館しました。

開館式には、国会議員の亀井静香先生をはじめ、福山市長代理、福山商工会議所副会頭などそうそうたる面々が３００名も集まり、盛大な式となりました。

開館後、財団法人にする手続きを進めていきましたが、時間がかかってしまいました。結局、財団法人能宗文化財団を平成６年（１９９４年）１月20日に設立、「福山自動車時計博物館」は平成６年５月13日付けで広島県教育委員会の博物館登録原簿に登録され登録博物館となりました。

なお、博物館となった３５０坪の建物は、もとは家具倉庫でした。昭和38年に廃校になった旧賀茂郡河内町の小学校の廃材を譲り受けて、組み立てています。解体された小学校の校舎の木材を家具の倉庫の材料として移築したのです。

古いモノを展示する博物館の建物そのものが、昔の建物の木材を再利用してつくられている。当館が一本筋の通った理念にもとづいて設立されていることが建物ひとつとってもおわかりいただけるでしょう。

原爆人形がなぜ自動車博物館に？

博物館内には50台ほどのオールドカーを展示しています。博物館をオープンする前から、私のコレクションはちょっとした評判になっていました。どこからうわさを聞きつけられたのか、「車を貸していただけませんか」というオファーも舞い込むようになりました。

博物館が雑誌の『アサヒグラフ』に紹介されてまもなく、今村昌平監督の『黒い雨』で昭和20年代のオールドカーを貸してほしいと依頼がありました。まだ博物館を開く前でしたが、倉庫には整備ずみのオールドカーが何台もありました。

私は全面協力を約束し、倉庫から20数台を貸し出しました。みな公道を走れるよう車検もとってありましたから、20数台すべてを福山から岡山の撮影地まで自走で運びました。私も三輪トラックのマツダGAを運転して、映画に登場しています。

余談になりますが、この映画では原爆で焼けただれた人々を表現するために、多数の人形が使われました。撮影終了後は処分されるというので、例によって、モノが簡単に捨てられるのは忍びない私が引き取って、倉庫に保管しました。

この人形はしばらく「福山自動車時計博物館」で、『黒い雨』に出演した三輪トラック・マツダGAの荷台に乗せたりして一緒に展示されていましたが、今は新しくできた「まちづくり博物館」二階の一画に展示しています。

人形をたくさん積み重ねて、あたかも被爆者が折り重なっているようで、かなり迫力があります。

なぜ自動車博物館に原爆の人形が置いてあるのでしょうか。自動車を見に来た子どもたちが怖がって、トラウマになってしまう、という苦情も寄せられました。でも私はあえて、子どもたちが来る博物館にこそ置く意味があると思っています。

リニューアルした広島の平和記念資料館では、被爆者を模した人形は残酷すぎるということで展示をやめたと聞いています。だからこそ、うちがやらなければいけない。福山も広島県ですから、福山に来て、広島の原爆について学ぶのに何らおかしいことはありません。

今は家庭や学校でも平和学習の機会があまりないでしょうから、自動車を見に来て、ついでに原爆のことも勉強できたら、ちょうどいいではありませんか。

たくさんの市民が亡くなったことは事実です。戦争は二度と起こしてはいけない。きちんと受け止めて、どうしたら平和な世界になるかを考える。それが教育の役目です。何度も言いますが、当館は子どもの教育を目的にしている施設なのです。

ジープスターで瀬戸大橋を走り抜ける

昭和63年（1988年）に、岡山の倉敷と香川の坂出（さかいで）を結ぶ瀬戸大橋が開通しました。日本の技術の粋を集めた、鉄道と自動車の併用の橋としては世界最長の瀬戸大橋の開通です。当時は博物館の開館前でしたが、私はこの瀬戸大橋の開通パレードに、所有するオールドカーをつらねて、どうしても参加したかった。

というのも、昭和12年（1937年）にサンフランシスコのゴールデン・ゲート・ブリッジが完成した際、クラシックカーで盛大にパレードしたことを知っていたからです。ですからゴールデン・ゲート・ブリッジに匹敵する瀬戸大橋の開通式では、ぜひオールドカーを走らせたい。私の胸はワクワクしました。

計画では、木炭を燃料にして走るボンネットバスや、原爆で焼け野原になった広島の街を走ったマツダの「バタンコタクシー」、日本に一台しかないと言われている昭和29年式の右ハンドルのベンツ、いすゞがノックダウンで国産化したヒルマンなど、貴重な車ばかりを走らせる予定でした。

しかし話はトントン拍子にはいきませんでした。ちょうどアメリカから昭和24年（1949年）式の古い「ウイリス・ジープスター」を輸入しようとしていたので、「それで瀬戸大橋を走りたい」と運輸省に申請したら、「許可はできない」と言うのです。「なぜか」と聞くと、新車ならいいが、アメリカの中古車だと、中に麻薬が隠されているかもしれない。銃を密輸するのに使われるかもしれない。だから輸入も認められないと言うのです。

このジープスターは日本が戦争に負けた後、進駐軍が乗っていたジープを民間用にデザインして日本でも走っていた歴史的な車です。日本の歴史とも関係が深いオールドカーがスクラップ同然の状態でアメリカのニュージャージー州にあったものを、購入しました。

これをリストアして、パレードの目玉にしようとしていた車でしたから、私は納得がいきませんでした。

そこで、まずはアメリカ大使館に電話して、「アメリカからアンティークの製品は買ってもいいのに、なぜ中古のジープスターの輸入は許可されないのか教えてくれ。アメリカの製品を買え、買えと言っているのはあなたたちでしょう」と言いました。

また、「サンフランシスコのゴールデン・ゲート・ブリッジをクラシックカーでパレードした歴史にあやかって、ジープスターのオールドカーで瀬戸大橋の記念パレードを走りたい」という話もしました。

アメリカ大使館では、私の意見におおいに賛同してくれました。そのあと、おそらく、大使館が運輸省か通産省に連絡を入れたのでしょう。運輸省から「ダメです」と拒絶された翌日のこと。福山の陸運事務所から「すぐ来てください」と電話がありました。

なんのことはない。あれほど強硬に「認めない」と言っていたものが、一日でジープスターの走行を認める、と見解がひっくり返ったのです。

当時のお役人の世界は上意下達(じょういかたつ)です。私たちの税金で給料をもらっているのに、国民のほうを向いていない。

ひらめのように、権力のあるほう、上の立場のほうだけ見て、くるくると態度を豹変させるから、私はいつも行政とけんかをするはめになります。

私は元来、平和が好きです。けんかはしたくありません。それなのに、理不尽なことが次から次へと起こってくるから立ち上がらざるをえないのです。どんなに小さなことでもおかしいことには目をつぶることができません。だから言いたいことを言ってしまう。

「能宗はけんかっ早くていかん」といううわさもあるようですが、私のほうからわざわざけんかを売っているわけではありません。

とにかくめでたい瀬戸大橋の開通記念パレードに、私と妻が乗るジープスターをはじめ、所蔵する20台ものオールドカーが参加できることになりました。瀬戸内海を渡る風に吹かれながら、車列を組んで、さっそうと走り抜けたときの爽快な気分といったら。

なお、この翌年、私はロサンゼルスとサンフランシスコの市庁舎を訪問。ゴールデン・ゲート・ブリッジの開通にあやかって、日本でも瀬戸大橋の開通の際、オールドカーでパレードしたことを伝えました。ロスの市庁舎の人たちも大変喜んでくれました。

その後、私のオールドカーは平成10年（１９９８年）の明石海峡大橋開通式やその翌年の瀬戸内しまなみ海道開通式にも、車列をつらねて参加しています。

思いを人に伝える

「福山自動車時計博物館」にいらっしゃる機会があったら、駐車場の片隅にある小さな神社にも寄ってください。荒神社（別名「思う言う成る神社」）というこの神社はかつては近くの山の上に基礎石だけ残る小さな神社でした。

土地所有者の艮（うしとら）神社さんから土地を買ってほしいと頼まれ、見に行ったところ、基礎石のみ残っていました。きっと、昔からこの土地の人たちの信仰を集めたに違いない神社でしたが、何もなくなっていました。

古いものは残さなくてはいけないというのが、私の信念です。博物館の駐車場わきの空いていたスペースに遷座したのです。

博物館が開館してちょうど1年目、平成2年の7月4日のことでした。近くの渡辺神社の社殿を新築されるということから、旧社殿を無償で譲り受け、筋交いを渡し補強したところ、立派によみがえりました。

祀られているのはスサノオノミコトです。山の上の建物のない神社ではお参りする人が誰もいなかったと思いますが、博物館の横なら、みなさんが博物館を見学された際にお参りができます。石敷きの参道もつくり、参道脇には鯉が泳ぐ小さな池と水車もつくりました。

幼稚園児や保育園児が博物館に来られたときに、ちゃんと神社にお参りされる子らもいます。普段の親のしつけや園のしつけがこういうところにもあらわれています。

神社には御影石でできたしめ柱が立っています。そこに私はある言葉を彫りました。

「思言成(おもういうなる)」

思ったことを誰かに言うこと、そうすれば思いはいつか成る。しかし思わなければ、なにごとも成りようがない、という意味です。これは私が大黒町商店街を再生させるプロジェクトに関わった際に、思いついた言葉です。

たとえば「こんなことをしたい」という思いがあったとします。それをみんなに公言する。わかってもらえない人にはわかってもらえるまで言い続ける。そうすれば必ず思いは実現します。そういう意味です。

大黒町商店街再生の詳細に関しては後述しますが、想像を絶する苦労がありました。それでもあきらめなかったのは、思い続け、言い続けた結果です。大黒町商店街の再生計画は10年かけて実現し、商店街は今、福山市でもっとも美しい明治鹿鳴館風の街並みに変身しています。

考えてみれば、「福山自動車時計博物館」も、スミソニアン博物館を見て衝撃を受けた21歳のとき、こういうものが日本にあれば、と漠然と思ったことがきっかけでした。その思いを強く持ち、あきらめずに、いろいろな人に語ったり、自分でも動いたりした結果、博物館という形に結実できたのだと思います。

私に思いがなければ、あるいは途中で「やっぱり無理だ」とあきらめていたら、「福山自動車時計博物館」は存在せず、私はきっとマンションの管理をするだけの人生を送っていたでしょう。

すべてを変えるのは、まず「思い」。そしてその「思い」を人に伝えること。たとえ理解されなくても言い続ける。そうすれば夢はかなうということを、私はすべての人たち、とくにこれから未来を生きる子どもたちに知ってもらいたいと思っています。

別館をつくり歴史的遺構を再現した

「福山自動車時計博物館」をオープンして30年目前の平成30年（2018年）、博物館東隣の駐車場の一部を利用して、「福山自動車時計博物館」の別館をオープンしました。それに伴って、従来の博物館を本館、新しいほうを別館と呼ぶことにしました。

明治の洋館風の本館とは対照的に、別館は明治元年の木造商家を隣の岡山県笠岡市から移築してきた和風の建物です。こちらは車ではなく、時計機械や生活用品とろう人形などを展示しています。

とくに力を入れているのはタワークロックといわれる時計機械です。ヨーロッパやアメリカの昔の建物には、塔のてっぺんに時計のあるものがたくさんあります。タワークロックは塔につけられた時計のことです。

日本にあるタワークロックとしては、札幌の時計台が有名ですが、それを除くと現役で残っているものはあまりありません。

日本にあったタワークロックは、建物を建て直すときに、容赦なく廃棄されてしまいました。海外ではいまでも現役で使っているタワークロックがたくさんあるというのにです。

当館では40台の欧米製タワークロックを所蔵。本館の屋根上にタワークロックで動く時計台をつくったほか、再開発を手がけた大黒町商店街の医院にも当館が譲ったタワークロックが動いている時計台があります。

タワークロックがなぜ40台もあるのかとよく質問されます。約20年前、10組のドイツ人の中年夫婦がインターネットを見て、当館へ真冬に見学に来られて、「これだけ立派な時計博物館なのになぜ一台も塔時計がないのか？」と質問されました。「日本では北海道にしかなく、手に入れるのは不可能なのです」と言ったところ、「私の友人で譲ってもいいというドイツ人を紹介するから手に入れたらどうか」となり、それから輸入したのです。

また、生活に密着したものとして戦後に使われた石油コンロなども展示してあり、お年寄りが来られると、懐かしそうに見入っています。

ボンネットバスなど自動車もそうですが、お年寄りには昔の時代がよみがえってくるようで、博物館にあるものを見たことがきっかけとなり、思い出話をされる方もたくさんいらっしゃいます。

学芸員たちは、できるだけ館内を巡回してお客さんに声をかけたり、話を聞くように努めているので、よくお年寄りの方の昔話につきあうことがあります。楽しそうに思い出話に興じる年配の方を見ていると、博物館は老若男女すべての人の役に立つ社会的な存在だと改めて感じます。

別館をつくった際に、私は別館の外側に瓦の屋根がついた多門塀と、捨てられる予定だった石でつくった堀に見たてた石垣積みの池、池にかかる橋をつくりました。福山市が文化財保護に熱心ではないので、ささやかですが、自分で歴史的遺構を再現してしまったのです。個人でそんなことをやっている〝変人〟は日本広しといえども、私くらいなものではないでしょうか。

なお多門塀は塀の上にひさしをつけ、多門櫓(やぐら)は兵糧や武器を置いておくところです。私がつくった多門塀には、火縄銃の銃口が出せる穴もつけています。昔の城や砦には必須のものでした。

多門塀の横には、大正元年につくられた豪商の屋敷から譲り受けた木材を使い井戸の上屋を設けてあります。井戸には手押しのポンプを4基と木製の滑車をつけたので、実際に井戸の水をくみ上げることができます。

子どもの力でも簡単に井戸水をくみ上げられるので、見学に来た子どもらが井戸の水をくみ上げては、歓声をあげています。目をキラキラさせて楽しそうにはしゃぐ子どもたちやお年寄りの姿を見ると、博物館を開いて30年余り、さまざまな苦労も吹き飛んでいくようです。

「まちづくり博物館」で古いものを残す

２０２２年には、もうひとつ新しい展示棟が、別館の向かい側に誕生しました。「まちづくり博物館」です。

この展示棟は木造二階建て。昭和10年ごろ建てられ、昭和20年８月８日夜の空襲による焼失も免れた貴重な酒店の店舗兼住宅を移築しました。

１階、２階を貫く栂(つが)の大黒柱は、實相寺(じっそうじ)というお寺の山門の柱を活用。神辺(かんなべ)城由来で４５０年以上経つという古い木材を再利用しています。

また屋根の破風板に取り付けられる装飾板の「懸魚(げぎょ)」や、梁(はり)の上におき、上からの荷重を分散させる山形の部材「蟇股（かえる）」は、豪商の屋敷が解体される際に譲り受けたもので、おそらく大正元年に製造されたものでしょう。

「まちづくり博物館」では、なかなか間近に見ることができないこれらの装飾部材を、西側の外壁に取り付け、容易に観察できるようにしてあります。

また扉も古い屋敷のものを活用させてもらいました。建物をつくる際に使われたこうした資材や道具は、建物が解体されるとき、産業廃棄物として処分されてしまいます。積極的に保存しなければ、やがて私たちの目の前から永遠に消えてしまうでしょう。

ですから私は古い建物に使われていた瓦や御影石、銅板、煉瓦などを一生懸命集めています。いまはまだ「まちづくり博物館」を始めたばかりなので、展示物も少ししかありません。しかしこれからどんどん充実していくはずです。

また映画館で使われていた映写機や昭和初期の和だんす、洋だんすなどのほか、映画『黒い雨』の撮影で使用された被爆者の人形もこちらに移してあります。

日本の建物も壊すばかりではなく、残すべきものは後世に伝えていかなければなりません。

本来はこうした事業は国や自治体がやるべきです。でも国も県も市も、壊してつくる再開発には熱心ですが、古いものを残すことに関してはまったく無頓着です。

福山駅の目の前は、市の再開発によって、どこにでもあるのっぺらぼうな駅前のロータリーに変わってしまいました。「福山駅」という看板がなければ、ここがどこかわからないほど無個性で、どこにでもある画一的な新幹線の駅前に変わってしまったのです。

しかし福山駅は、日本でも数少ない、城跡の中にある駅です。２０２２年、福山城は築城４００年を迎えました。この希有な地の利を活かして、福山でしかできない駅前づくり、個性あるまちづくりが可能なのではないでしょうか。

私がつくる「まちづくり博物館」の展示物や収集したモノたちがその助けになれるよう頑張りたいと思っています。

大人も子どももワクワクせずにはいられない博物館だ

懐かしさがただよう軽三輪

「まちづくり博物館」。映画『黒い雨』の撮影で使われた被爆者の人形も展示している

福山自動車時計博物館西側にある荒神社。平成元年12月遷座。平成２年、近くの渡辺神社の旧社殿を譲り受け社殿建立。参道口のしめ柱に「思言成」「時金成」を刻む。参道脇に鯉が泳ぐ池と水車を設け、近くの艮神社の旧水盤舎を譲り受け、その上屋としている
©公益財団法人 能宗文化財団 福山自動車時計博物館

第三章

苦労は買ってでもせよ

恵まれた環境ですごした幸せな幼年時代

私は能宗家に、昭和18年（1943年）、米国独立記念日の7月4日に生まれました。能宗家は今は賃貸マンションを中心とした不動産事業を営んでいますが、戦前は織物屋で、戦後は家具店を経営していました。

父の敏雄は昭和12年に日中戦争で南京へ出兵しました。しかし当地で負傷し同年帰国しています。昭和14年4月7日に母である松坂（まつさか）道子と結婚。家業の機織業を続けていましたが、第二次世界大戦が厳しくなるにつれて、政府の統制が始まり、「能宗織布」は廃業せざるをえなくなりました。

昭和19年に台湾へ出兵し、昭和21年に復員してから家具の事業を興しました。

母の道子は当時では珍しいハイカラな人でした。実家の松坂家がそういう家庭環境だったようです。母の従兄弟の松坂美登（よしのり）がうちに遊びにくるときも、自家用乗用車がまだ少なかった時代に、アメリカ製のシボレーやフォードのフェートン（幌（ほろ）付きオープン）に乗ってやってきました。

そういえば、私も子ども時代、母の弟・松坂謙太郎、つまり叔父さんの単車に乗せられて府中から福山まで走った記憶があります。叔父さんの腰に必死になってしがみつきながら、風を切って走る爽快感を体全身で感じ取っていました。

私の車好きは、案外、幼いときに単車に乗って走った記憶が刷り込まれているせいかもしれません。

私が小学校にあがるころ、昭和25年に福山駅の北東側に位置する大黒町に新しく自宅が建ちました。母は、海外の衣類を扱っていた友人を通して、アメリカの百貨店シアーズのカタログを手に入れていました。

そのカタログを参考に、自宅の内装をモダンな洋風に整えたのです。昭和25年に母はすでにベッドで寝ていて、寝室の窓は上下に開くアメリカンスタイルでした。応接間にはピアノを置き、台所にはまだ珍しかったシンクをタイルでつくり、ダストボックスをつくらせて、生ゴミがスッと落ちる仕組みになっていました。

家業が家具屋だったので、シアーズのカタログを見て気に入ったものがあると、「これをつくって」と職人に指示していたのだと思います。

日本人がみな、ちゃぶ台を置いて、畳に座って食事をしていた時代、わが家はコンクリートの床の上に椅子とテーブルを置き、椅子に座って食事をしていました。「能宗のところはレストランみたいに椅子に座って食事をしているらしい」とうわさがたち、友だちが家をのぞきに来たものです。

友だちの中には、うちの広々としたテーブルを卓球台がわりに使い、卓球をして帰る〝強者〟までいて、ちょっとした人気スポットでした。

私の服装も周囲からかなり浮いていました。小学校では私だけがデニムのズボンをはいていたり、スニーカーやアロハシャツを身につけていたり。周りから見れば、典型的な〝お坊ちゃん〟だったのでしょうが、本人にその自覚はまったくありませんでした。

幼いころのわが家の雰囲気を思い出すと、今でも心がゆったりと豊かな気持ちになります。

食事が終わると、父は定期講読していたビジネス誌『実業之日本』におもむろに目を通します。姉は女性誌『それいゆ』のページをめくり、母は花森安治さんの『暮しの手帖』やシアーズのカタログを眺めます。

家族それぞれが満ち足りたひとときをすごす平和な情景が、今でも幸せな子ども時代の温かな記憶としてよみがえってきます。自宅があったこの場所は、現在私が経営する

「株式会社菊屋マンション」の本社ビルになっています。

原点はガラクタで遊んだ少年時代に

小さいころから私は機械いじりが好きでした。小学校にあがるころには、もうすでに時計を分解して、遊んでいました。おばあさんのところに行くと、なぜか壊れた時計やカメラがあります。それらをもらってきて、片っ端から分解するのです。ときどきまだ使っている時計やラジオを分解することもありました。

分解するだけで、組み立てたり直すほうは得意ではありませんでした。

私の勉強机の引き出しには、勉強道具のかわりに、集めた歯車やバネやねじが山ほど入っていたものです。みんな私の大切な宝物です。

私は歯車が動いているところを見るのがむしょうに好きでしたが、厳密に言うと、動くシステムや原理、計算に興味があったのではありません。ただもう、単純に動くのを見るのが好きでした。

少年時代、もうひとつ私が夢中になっていたのが、近くにあった廃車置き場で廃車に乗って遊ぶことでした。近所の自動車屋さんがまさに車のガラクタ置き場になっていたのです。

そのころはのんびりした時代でしたから、子どもたちが勝手に敷地に入り込んで遊んでいても、怒る大人はいませんでした。私はガラクタ置き場に忍び込んでは、廃車で遊んでいました。

ハンドルだけがあって、タイヤがなかったり、エンジンがなかったり。そんな車でも座席に座ってハンドルを握れば満足でした。

ガラクタ置き場にあった車には、子どもだましのおもちゃとは比較にならないくらい迫力があって、本物の面白さがありました。

ハンドルを握ったり、ボンネットをあけてエンジンルームをのぞいたり、車体の下にもぐりこんだり。日が落ちるまで、ガラクタと遊んだものです。

このときの高揚感は大人になった今でも続いています。博物館に所蔵するために、古い車を見つけてきて、座席に座ったときのワクワクする感じ。エンジンを取り出して、さあどうやって修理するか、技術者と相談するとき。古い写真を見ながら、当時の車体を再現するべく図面を広げるとき。

ガラクタで夢中になって遊んだあのころのにおい、感触、情景がよみがえってきます。まさに「のれ、みれ、さわれ」の世界を子ども時代に堪能したからこその感覚だと思うのです。

五感で感じた経験は、誰にも奪われない一生ものの財産として、その人の人間性を形づくっていくのです。

まるで応接間のような車内ではないか！

昭和31年、福山市立東中学校にあがると、農業科の先生が原動機付き自転車で出勤されていました。今でいう50ccのバイクです。私は目の前で動く原付に心を奪われました。

とくに原付から吐き出されるガソリンのにおいがたまらなかった。今でこそ、排気ガスは公害の原因として悪者にされていますが、自動車があまり一般的ではなかったころは、ガソリンのにおいは珍しく、子どもには、時代の最先端をいくかっこいいにおいに感じられたのです。

先生が出勤して来られると、原付の後ろに回り込んでは、排気ガスのにおいを胸いっぱい吸い込んでいたものです。

高校は進学校の広島大学附属福山高校に入りました。ここでは四輪自動車で通ってこられる先生が2人もいらっしゃったのです。一人の先生は国産のダットサン、もう一人の先生はなんとニッサンのオースチン（ノックダウン生産車）。何でも、教員をされるかたわら、ピアノレッスンのアルバイトでお金をためられて、オースチンを買われたそうです。

そんな車を身近に見てすごせば、いやでも車に対する興味は増していきます。さらに私に衝撃を与える車がありました。

ある昼休み、私は友人と附属福山高校の隣にある広島大学の敷地に入り込みました。校地には終戦まで陸軍の練兵場があって、古い兵舎が残っていました。

その向こう側にガレージがあったので、のぞいてみると立派なフォードとシボレーのセダンが置いてある。今思うと1930年代か40年代のものではないでしょうか。

驚きました。あとでわかったのですが、どうも広島大学の分校長である池田先生が使われる車だったようです。人は誰もいないし、こちらは好奇心いっぱいの高校生です。

2人でガレージに忍び込み、フォードとシボレーにかわるがわる乗ってみました。

まあ、びっくりしたのなんの。車内は広くて、天井には布が張ってある。まるで応接間ではありませんか。座席はふかふかで座るとすーっと体がしずみこむ上等なソファのようです。尻が痛くなるような硬い座席の日本車とは月とすっぽん。まるで大違いです。

国産のバスやタクシー、物を運ぶ貨物車など実用一辺倒の車もあれば、シボレーやフォードのセダン（鉄板屋根）のように、ぜいたくな乗り心地を楽しむ車もあるのだと知りました。

まるで応接間、まるでソファ。あのときの驚きは、アメリカに対する憧れをかきたてました。後に私がアメリカに留学しようと決意した要因のひとつはこのときのぜいたくな車に対する憧れもあったのかもしれません。

それからは、その友人と一緒に、昼休みになるとそのガレージに忍び込み、車に乗り込んだり、その中で何度もお弁当を食べたりしました。大人たちの中には薄々気付いていた人もいましたが、誰も何も言われませんでした。

子どもたちの多少の冒険には目をつぶる。それが教育であることを知っている良き大人たちだったのです。
昭和34年のことでした。

可愛い子には旅をさせよ——アメリカへ

広島大学附属福山高校は県内では有数の進学校でした。東大や京大へ行く生徒もたくさんいました。

私は中央大学の商学部の夜間部に進学しました。

なぜわざわざ夜間部にしたのかというと、昼間は働いて、世の中のことを知っておこうと思ったからです。

能宗家の家訓は「苦労は買ってでもせよ」と「自分の道は自分で切り開け」です。「親辛抱・子楽・孫ホイトウ（後述）」ともよく言われました。典型的なお坊ちゃんとして育てられましたが、小さいころから「苦労しなさい」と、家訓を耳にたこができるほど聞かされて育っていました。

昼間の仕事先として、私はインド大使館を選びました。漠然とアメリカに留学したいという憧れがあり、そのためには英語を勉強しなければいけないと思っていたからです。

アメリカ留学への思いは、大学へ進学するころにははっきりと形になっていました。広島大学分校長のアメ車が〝動く応接間〟のように素晴らしかったこと。母がシアーズのカタログを見て、アメリカ風に家を整えていたことなどが、自然にアメリカへの憧れを育てたのだと思います。

また、母方のおじいさんの家のお手伝いさんがアメリカに嫁ぎ、現地から珍しいものを送ってこられたのも、私の憧れをかきたてました。まだ日本にはカラー写真がなかった時代、向こうのカラー写真を送ってくる。「アメリカはどんな国だろう」とますます憧れが広がっていったのです。

昼間働いていたインド大使館の仕事は、英字新聞（『ジャパンタイムズ』）を読んでいて見つけました。親や親戚、一族のつてを頼ったのではありません。いずれ経営者として能宗家を背負って立つなら、なにごとも自分の力で切り開かなければと、自覚と責任を感じていたからです。

中央大学には3年生の一学期まで通いました。その間、アメリカに留学できる手だてをいろいろ探しました。今でこそ、アメリカはもちろん世界中の国々に留学できるチャンスがたくさんありますが、当時はそうしたルートがなく、個人が簡単に留学できるものではありませんでした。

私費留学生のための試験があることを外務省で見て、すぐに申請書を提出したり、大学や高校に内申書を書いてもらったり、トーフル（英語能力を判定するためのテスト）を受験したりしました。

出身校の広島大学附属福山高校の英語の先生に、成績表を英語で書いてもらいに頼みに行った際には、「能宗くん、君は留学云々よりもっと前に、中央大学夜間商学部を卒業することを考えたほうがいいよ。日本の大学を出てから留学を考えたらどうだろう」と言われました。

その言葉を真に受けていたら、今の私は存在していなかったでしょう。福山市に11棟もある菊屋マンションも建っていませんでした。

自分がこうと決めたら、それを貫く。外野の雑音にまどわされてはいけません。初志貫徹。この心意気が大事です。

書類を書いて、やっと留学の許可がおりました。留学の方法を教えてくれる先輩もおらず、身近に留学した人もなく、全部自分で調べて、四苦八苦しながら、書類を揃えたのです。煩雑な手続きを自力でこなした経験が、大きな自信になったといえます。『何でも見てやろう』（小田実著）という本の影響も受けました。

留学先は日本人がほとんどいないミッドウエスト（中西部）を選び、ユニバーシティ・オブ・カンザス（University of Kansas）の3年次編入で入学が許可されました。

昭和39年8月。東京オリンピックが開催される2カ月前、日本中がオリンピック一色で熱狂に包まれているときに、私は横浜の山下埠頭からサンフランシスコに向けて、貨客船で出発しました。

両親は福山からわざわざ山下埠頭まで見送りにきてくれました。あのころ海外へ行くのは〝今生の別れ〟とまでは言いませんが、大変な覚悟が必要でした。出発前に両親と水杯を交わし、船の上からテープを投げ、そのテープを両親はいつまでも握りしめていました。

両親からすれば、本当は行かせたくなかった。でも心を鬼にして、可愛い子に旅をさせたのです。「苦労は買ってでもせよ」という能宗家の家訓を、両親自身も実践していたわけです。

私が乗った船は貨物と乗客を一緒に乗せる貨客船でした。12名の乗客とアメリカに輸出する鉄板を室蘭港で積んで出航。サンフランシスコへは15日間かかりました。太平洋の荒波にもまれながら進むので、乗客たちはみな船酔いに悩まされましたが、どういうわけか私はまったく酔いませんでした。

アルコールを一滴も飲めないたちだからでしょうか。食欲旺盛の若い時代でしたから、船の乗組員たちと一緒にパクパク食事をとりました。

牛乳をかけて食べるコーンフレークなる食べ物も初めて知りましたし、魚や肉が冷凍で保存されていることも学びました。海に出て、何日たっても、肉や魚の料理が出てくるので、「腐っているのではないか」と最初は心配したものです。

サンフランシスコまでは船だけではなく飛行機でも行けましたが、私は運賃の安い船を選びました。大学の学費や滞在費は親に負担してもらいました。せめてアメリカに行く運賃くらいは自分で出したい。

でも安い貨客船の片道の運賃ですら、私が2年間インド大使館で働いた給料がすべて吹き飛ぶくらいの莫大な金額でした。

なお、同じころ私より少し年上で沖縄の軍に勤めていた里平清勝（さとひらきよかつ）君という日本人が、私と同じユニバーシティ・オブ・カンザスへ留学したのですが、彼は軍から奨学金を得ていました。飛行機代は今の価値で片道約１８０万円だったと思います。

船はその半分の運賃です。今の価値に換算して片道90万円くらい。あのころ、日本からアメリカに私費で留学することがいかに大変なことだったか、この金額だけでもおわかりいただけるでしょう。

第四章

思い込みの枠をはずす

～アメリカ留学

日本英語の発音が通じにくい

生まれて初めてアメリカの土を踏んだのは私が21歳のときでした。アメリカの大地はどこまでも広く、空は信じられないほど高く大きかった。私の胸は希望でいっぱいにふくらみました。

しかし、着いて早々、めんくらうことばかりに遭遇します。まず、私の発音が通じない。インド大使館で2年間働いていて、日常会話くらいは不自由しないつもりで行ったのですが、その発音が通じにくい。

もし私が日本人の多い東海岸やハワイに行っていたら、事情はまったく違っていたでしょう。日本人の英語に慣れている現地の人たちは、私の英語でも聞き取ってくれたと思います。

でも、私が行ったカンザスシティに日本人はほとんどいませんでした。カンザスの人たちには日本語なまりの英語がわかりにくい。たとえば日本人が不得手とする「R」と「L」の発音も、カンザスではきちんと区別しないと通じません。

私がいくら「Lawrence」と言っても、「R」と「L」がしっかり発音されていなければ、伝わらないのです。

一方、学生たちがしきりに「グダナイ」と言っているのがまったくわからなかったのですが、のちに「Good night」のことだとわかりました。

一事が万事そんなふうでした。

言葉の問題は、そのうち耳も口も慣れてきて、不自由なくなったのですが、その後も次々とカルチャーショックに襲われました。

たとえばトイレ。アメリカのトイレは扉の下があいています。中に入っている人の足が見える！　トイレで用を足しているところが見えるではないか、と日本の密室のトイレに慣れている私は度肝を抜かれました。

さらには、ちょっと高いレストランに入ると、トイレの中にじゅうたんが敷いてあるではありませんか。カーテンをかけているところもありました。トイレにじゅうたん！　そんな便所は日本にはひとつもありません。文化が違えば、トイレも違うのだ、と感心するやら驚くやら。

風呂も、私が住んだ大学の寮には、シャワーはありましたが、バスタブがない。浴槽がない風呂など、信じられるでしょうか。たっぷりの湯につかって全身の疲れをいやす日本の風呂がどんなに恋しかったことか。

散髪もアメリカ人は自分たち同士でします。街の理髪店に行けば1ドル25セント取られるので、もったいないというわけです。大学には軍隊を終えて入ってきた学生もいるのですが、彼らはGIカットが得意です。バリカンでジャーとカットしておしまい。

日本人は理髪店に行くと、念入りにシャンプーしてもらって、蒸しタオルで蒸したり、顔をそったり、肩もみをしてもらったり。その時間がゆったりできて、なんとも心やすらぐのですが、アメリカにはそんな余計なサービスはいっさいありません。

合理的ではありますが、情緒には欠ける。そんなところも、私にはカルチャーショックでした。

文化の違いといえば、こんなこともありました。私は小さいころからアレルギー性鼻炎があり、鼻水が止まらなくなることがあります。そのため、ときどきガーゼのマスクをかけていたのですが、アメリカでマスクをするのは医者くらい。

私は知らない間に「ドクターノーソー」とあだ名をつけられたのです。「ドクター、ドクター」と呼ばれて、「あれ？　おれのこと？」と怪訝に思っていましたが、ときどきマスクをかけていたからという理由があったようです。

入学してからが厳しいアメリカの大学

アメリカに行って1年間は必死で勉強しました。アメリカの大学では春学期と秋学期の2学期制のセメスター制と、1学年を4学期に区切るクオーター制があります。私が入学したカンザス大学（University of Kansas）は春と秋のセメスター制でした。

春学期と秋学期の間には夏休みや冬休みがあり、学期末の試験があります。科目によっては毎授業のあとに小テストもありました。

試験といえば、こんなことを思い出しました。学期末試験のときです。ジョセフ・ピアソン・ホール（J.R.Pearson Hall）で、緊張する試験が終わって休憩時間に入ったときです。私たちは寮に住んでいましたが、一人の男子学生がおもむろに立ち上がって、ホールにあるピアノを弾き始めたのです。私は二度びっくりしました。まず1つ目は「男がピアノを弾くのか！」ということ。

プロのピアニストや音大生をのぞけば、昭和30年代の日本で、ピアノを弾く男子学生はまずいなかったでしょう。ピアノは女性がやるもの。そう思い込んでいたのに、アメリカでは男がピアノを弾き、しかもみんなも普通に受け入れている。

国が変われば、男女がやることも変わるものだとびっくりすると同時に、男女の役割は固定されたものではない、国や時代でどんどん変わっていくのだということを学びました。

驚きの2つ目は、試験の休憩時間にピアノを弾く〝気持ちの余裕〟です。きっと緊張を和らげるためにピアノを弾いたのでしょうが、教養の深さが感じられるストレス解消法ではないでしょうか。

「はあ〜、アメリカではこうやって緊張を和らげるのだ」。ストレス解消といえば、バカ騒ぎくらいしか思いつかなかった私にとっては、そんなこともカルチャーショックです。見るもの聞くもの、すべてが驚きの連続で、何もかもが新鮮でした。

ところで向こうの大学は日本の大学とは比較にならないほど成績にシビアでした。学期ごとの試験で一定以上の成績をおさめないと、プロベーションという執行猶予期間がついてしまいます。

その期間内に勉強しろ、というわけです。2学期続けてプロベーションになると、そのまま退学です。

いったん入学してしまえば、よほどのことがない限り、そのままエスカレーター式で卒業できる日本の大学と違って、卒業までに何回も関門があるのです。

私は、異国の文化を経験することが目的で、アメリカの大学を卒業しようとは思っていなかったので、万一プロベーションになっても、そのときはそのときだと半分開き直っていました。

勉強しながら痛切に感じたことがあります。それはアメリカの学生はみな勉学に対する姿勢が真剣だということです。彼らの中には、人生を懸けて大学に進学してくる人が少なくないのです。

日本の大学生のように、「みんなが行くから」とか「親が行けというから」とか「大学ぐらい出ていないとかっこうがつかないから」とか、そんな甘っちょろい考えの人はごく少数です。

たとえば大学には奨学金をもらって入学してきた学生がたくさんいました。彼らはベトナム戦争に参加して帰還した元兵士たちでした。そのころアメリカはベトナムの内戦に介入して、泥沼の戦争をしていました。

若者たちはみな徴兵されていましたが、ベトナムへ行き、戦って帰って来ると、大学へ行く奨学金がもらえる制度がありました。

そのため、お金がない学生は大学へ行くために、志願してベトナムへ行った人もいたのです。大げさな言い方をすれば、命と引き換えに大学へ来た。だから熱心さが違います。

またいったん社会に出て、働いてから大学に入り直す人も少なくありませんでした。彼らは自分で働いて学費をため、「この大学のこの学部でこの勉強をやりたい」と明確な目的を持って入学してきます。偏差値や点数や世間体で自分が入る大学や学部を決める日本人とは大違いです。

年齢層も高校卒業したての18歳から、社会人になって大学に入り直した20代後半、中には30代の学生もいるという幅広いものでした。当時の日本ではまず見かけなかった障がいのある学生もいました。

クラスメートが当たり前のように車いすを押したり、階段や段差があるところでは学生たちがみんなで車いすを持ちあげて、助けます。

いまは「多様性」という言葉が日本でも注目されているようですが、アメリカの大学はまさに年齢層も背景も、さらには人種や国籍もさまざまな人たちが交じっている「多様性」のるつぼでした。

自分とは考えの違う人を受け入れる

ユニバーシティ・オブ・カンザスは州立大学でしたので、学費は私立大学より安くてすみました。

少しでも親の負担を減らそうと、私は朝5時に起き、6時から大学の地下にあるカフェテリアで皿洗いのアルバイトを始めたのです。シンクにあるディスポーザーに残り物を流し込み、汚れたテーブルを次々とふいていくのが仕事です。

当時は炊事用の手袋もありませんでしたし、手に優しい洗剤もありません。テーブルについたオイルや指紋がさっと取れるような強力なアンモニアを使うので、掌紋が取れてつるつるになってしまいました。

能宗家では、皿洗いなどの家事いっさいはお手伝いさん任せでしたが、私は平気でした。

「苦労は買ってでもせよ」が能宗家の家訓。誰の助けも得られないアメリカでは一人たくましく生きていくしかなかったのです。

カフェテリアのアルバイトでもいろいろなことを学びました。タイムカードなるものを必ず打刻しなければいけないとか、打刻するのはユニフォームに着替えてからとか。着替える前はまだ仕事に入っていないので、時給にはカウントされないのだそうです。いかにも合理的なアメリカらしいシビアさです。

カフェテリアの閉店は夜7時でしたが、7時を1秒でも過ぎようものなら、すべての注文はシャットアウト。授業の遅い大学院生がハーハー言いながら駆け込んできて、「コーヒーをひとつ」と言っても、ガンとして受け付けません。

さすが、time is money のお国柄です。そのくせ、電車やバスの時刻は平気で30分、1時間遅れるのですから、日本とは常識が違います。

「へえ〜、こんな考え方もあるのか」と自分の思い込みの枠がはずれるのを何度も経験しました。若いうちに異文化の考え方にふれるのは、とても重要なことだと思います。

物事をいろいろな角度から柔軟に考えられる。自分とは考え方の違う人を受け入れる。柔軟性を養う上でも、私は若い人たちにどんどん外へ出ていって、たくさんの価値観にふれてほしいと思っています。

誕生日を祝ってもらい心が温かくなる

ユニバーシティ・オブ・カンザスは春学期と秋学期の間に夏休みがあります。私は休みを利用してニューヨークの近郊にあるキャッツキルマウンテンという場所のリゾートで皿洗いのアルバイトをすることになりました。

カンザスシティからニューヨークまでは運賃の安いバスで、何日もかけて移動しました。

バスでぐるりとアメリカを周遊。南部のセントルイスからバッファローに行き、ボルチモア、そこから東海岸をめざして、ワシントン、フィラデルフィア、ニューヨークと有意義な観光旅行を堪能しました。

ワシントンでスミソニアン博物館を見て、古いものを大切にする姿勢に衝撃を受け、「福山自動車時計博物館」をつくるきっかけになったのは、前述のとおりです。

そのあとニューヨーク州に入り、ハドソン川の近くにあるキャッツキルマウンテンのリゾートに到着。私はここで住み込みをしながら、２カ月間のアルバイト生活を送ることになりました。

滞在部屋としてあてがわれたのは三角屋根のすぐ下の屋根裏部屋です。窓から外を見ると、緑の芝生に覆われた美しいリゾートの敷地が見えました。水をたたえた青いプールでは、色とりどりの水着を着た人たちが泳いでいました。近くにはキャッツキルマウンテンの山々が折り重なって見えます。なんと優雅な場所だったでしょう。

大学の学食の皿洗いと違って、リゾートの皿洗いは正規の仕事以外の臨時収入もありました。たとえばベビーシッター。若い夫婦がダンスホールや映画へ行くのに、赤ん坊をつれてはいけません。そこで私に「あなた、ベビーシッターしててね」と預けていくのです。

「こんなことでお金がもらえるのか」と私はうれしくなりました。日本でも年上の子が年下の子の子守を命じられるのは当たり前のことでしたが、お小遣いをもらうことなどありえませんでしたから。

「アメリカという国はこんなことにもお金を払うのか。豊かな国だな」と感心するばかりです。シッター代は１ドル25セント。夏は宿泊客で賑わっていたので、夜はけっこういい小遣い稼ぎになりました。

リゾートにはある程度、余裕がある人たちが泊まるので、彼らの立ち居ふるまいを見るだけでも、私には勉強になりました。

リゾートのオーナーの息子が毎日自家用車で出勤してくるのですが、彼の車が近づくだけで、シャッターがサーッと自動で開きます。

「どういう仕組みになっているんだろう」と近くまで行ってみてもよくわかりません。アメリカは進んだ国だ、とつくづく思ったものです。

働く環境としても、夏のリゾートは抜群でした。敷地内にはアメリカンチェリーがたわわに実った木々があります。アメリカ人は不思議と誰もチェリーを食べません。私は柿やみかんをとる要領で、棒でチェリーをたたき落とし、口いっぱいにほおばりました。

甘い果汁が広がります。食べても食べても、チェリーの実は尽きません。果汁で口をまっ赤にしながら、リスのように夢中で食べた幸福な日々。

お客さんがいなくなると、昼休みにリゾートのプールで泳ぎました。昼間は皿洗い、夜はベビーシッター。仕事で忙しかったけれど、一日の労働をすべて終えると、とりとめもなく、故郷のこと、友だちのこと、来し方のことが浮かんでは消えていきます。

2カ月間、毎日の勉強から解放されて、久方ぶりにリラックスできた日々はアメリカ留学中で、もっとも幸福な時間でした。

幸福といえば、このリゾートで強く思い出に残っている出来事があります。7月4日、私の誕生日のことです。その日、なぜかリゾートのみんなは朝から私によそよそしいのです。厨房の横の部屋に入ろうとすると、「あっちに行け」と追い払う。「なんで今日に限って、みんな冷たいのだろう。何かみんなを怒らせるような失敗をしてしまったんだろうか」と落ち込んでいたら、仲間が「こっちに来い」と私を呼んでいます。

招かれて、隣の部屋に入ると、いきなり「ハッピーバースデータカシ」の大合唱。ケーキと風船が用意され、紙吹雪が舞いました。私はそのときまで、今日が自分の誕生日だったことさえ忘れていました。

日本では子ども時代を除けば、誕生日祝いをしてもらったことさえありません。こんなに盛大に誕生日を祝ってもらえるとは。アメリカでは普通のことだったのかもしれませんが、日本から一人で留学してきた私には、とりわけうれしくて、心がぽっと温かくなる出来事でした。

体調不良と精神的落ち込みで嵐のような日々

危機はその後やってきました。キャッツキルでのアルバイトを終えて、大学に戻ったとたん、信じられないほどの体の不調が襲ってきたのです。最初の不調はカンザスに戻った直後にあらわれました。

3カ月間の旅行とアルバイトを終え、ローレンスに戻った私は、キャッツキルでの思い出を語ろうと、すぐに友人のアパートを訪ねました。

もともとおしゃべり好きで、話しだすと止まらない私は、部屋にあったロッキングチェアに座ってゆらゆら揺れながら、夕方までノンストップでしゃべり続けました。

肉体的疲労と精神的疲労が蓄積したためでしょうか。突然息が難しくなり、心臓が止まりそうな苦しさに襲われたのです。

不思議なのですが、目も見えて、耳もはっきり聞こえているのに、手と足がまったく動かない。すぐに救急車で運ばれました。

その日をきっかけに、体調が転げ落ちるように悪化していきました。リゾートでののんびりした生活と、勉強に追われる大学の生活との落差が大きすぎたのかもしれません。

ひどい肩こりや便秘、偏頭痛、不眠。そして昼間は突然の眠気。自分でも何が起きたのかわかりませんでしたが、不調がずっと続くのです。

それでも何とかクリスマスまでは、だましだまし大学に通っていました。しかしクリスマスにごちそうを食べたあと、お通じがまったくなってしまうという事態になりました。そのあとは最悪でした。便が出ないので、七転八倒の苦しみです。

理由はあとでわかったのですが、水分不足です。アメリカは冷暖房設備が充実していて、大学の寮も冬は暖房をがんがん入れています。部屋は乾燥するなんてものではありません。乾燥するとどうなるか。体の水分が少なくなり、便がカチカチになって、出なくなってしまうのです。

今の私だったら、便秘に悩んでいる人にはこう言うでしょう。

「水分をたっぷりとって、便をやわらかくして、腸が動くように、よく運動してください。そうすれば、便秘など一発で治りますよ。浣腸がなければ油をつけて指で便をかきだしなさい」

でも悲しいかな。そんな知識は当時の私にはありませんでした。クリスマスを境に1週間くらいお通じがまったくない。出るものが出ないとはこんなにも苦しいのかと思うほど、何日ものたうち回って苦しみました。79歳になる今でも、あのときのことを思い出すと、ぞっとするくらいです。

体の不調だけではありません。精神的にもどんどん落ち込んでいくのです。気持ちが滅入って死にたくなる。今考えると、落ち込んでいたのです。

寮のルームメートがガンコレクターで、ピストルを持っていました。私に「これが本物のピストルだよ」と自慢します。ふざけて自分のこめかみに当てることもありました。

精神的に落ち込んでいなければ、笑って流せたでしょう。落ち込んでいて、気持ちがどん底のときにそれをやられると、本当にピストルで死にたくなります。何度も死の衝動にかられては踏みとどまることを繰り返していました。

元気をなくす私を見て、周囲はいいかげんな励まし方をします。「テキーラをぐいっと飲み干せば、落ち込んだ気持ちも治るよ」とか「カンザスシティに行って、女を買えばいいんだよ」とか。

バカを言うな、と思いました。私はお酒が飲めません。女性と遊んだことは一度もありません。そんなことで気分が変わるくらいだったら、とっくのとうに治っているわい。心の中で毒づいていました。

気分転換にメキシコ旅行をするが……

それでも一縷の望みを抱いて、気分転換のために冬休みにメキシコ旅行へ出かけました。旅行会社が組んだ学生向けのツアーで、カンザスからアカプルコまで行く旅です。

ところがこの旅でもさんざんな目にあいました。メキシコの水は腹を下すので、飲んではいけないと言われていたのに、大丈夫だろうと、飲んでしまった。すると大変な下痢です。

便秘であんなに苦しんでいたのがうそのように、今度は下痢が止まりません。脂汗をかきながらのバス旅行になりました。

途中の町で闘牛を見たのも、さらに気分を落ち込ませることになりました。

心が元気なときに見たのなら、あれほどショックは受けなかったでしょう。落ち込んでいる人間にとって、牛が残酷に殺されるショーは、衝撃以外の何ものでもありません。

アカプルコに着くころには、大きな亀の首をとばしたものも見て、心身ともにボロボロです。旅行に出て、かえって無理をして体調を悪化させてしまいました。

私を取り巻く環境も一変していました。大学で友だちになったアメリカ人の男子学生は徴兵でベトナムへ行くという。そのころ、ベトナム戦争が深刻化し、たくさんの米兵がベトナムで命を落としていました。

昨日まで大学で一緒に勉強していた友人が、戦地に行って命を落とすかもしれない。その現実が私の心を揺さぶりました。また故郷の福山では、母方の祖父の会社のひとつが倒産したとか、祖父が亡くなったとか、親族が離婚したという衝撃的な情報も入ってきました。

祖父の会社が倒産しても、その影響で父の会社が傾くということはありませんでしたが、私のアメリカ留学に莫大なお金がかかっているのは事実です。このままお金を使い続けていいのだろうか、という申し訳なさもありました。

追い打ちをかけるように、私の成績も下降気味になりました。今まで私は執行猶予のプロベーションにひっかかったことはありませんでしたが、このままではそうした事態も予想されます。

この調子ではつぶれてしまう……。

とうとう私は福山にいる父にエアメールで相談することにしたのです。

成績が悪くても死ぬわけじゃない

手紙での私は相当落ち込んでいたのでしょう。追い詰められている私に、父はこんな返事を書いてくれました。

父は昭和12年、日中戦争での南京戦の際、現地で右足を撃たれ負傷したそうです。弾は足首を貫通して、その場を動くことができません。

部隊は父を残して前進し、父ら負傷兵だけが取り残されました。撃たれたのは朝。それから夜遅くなるまで、「痛い、痛い」とうめきながら、ケガをした兵はひたすら助けが来るのを待っていたそうです。

人が近づいてくる物音がすると体中に緊張が走ります。もし中国人だったら、バンと撃たれて一発で殺される。日本人の兵士だったら、助けてもらえます。中国人が来るか、日本人が来るか。

まさに恐怖と緊張の連続の極限状態の中で、丸一日をすごしました。

「それに比べたら、孝が抱えている問題なぞ気にすることはない」と書いてくれました。

「殺されるわけじゃないんだから、アメリカの大学をやめて日本に戻りたいんなら、そうすればええ」

そのひと言で肩の荷がスッと下りました。

「そうだ。アメリカの大学を途中でやめて帰ったからといって、なんの問題があろうか」

その手紙を読んで、私は久しぶりに吹っ切れたすがすがしい気持ちになりました。うつうつとくすぶっていた何かがポンとはじけて、青空が見えた気がしたのです。

後でわかったのですが、両親も故郷で私のことを心配していました。ベトナム戦争がどんどん激しくなって、政情が不安定になってきたからです。

日本人である私がアメリカ軍の軍隊に徴兵されることはありませんでしたが、親としても戦争をやっている当事国に、能宗家の跡取りの大事な息子を置いておくのは不安だったようです。

それにアメリカには、現地に5年も10年もいてくすぶってしまう〝アメリカ浪人〟と呼ばれる人たちがたくさんいました。勉強をするわけでもなく、まともな仕事につくわけでもなく、何となくアメリカで暮らしているという刹那的な生き方に染まってほしくない。

私がアメリカにいて、そういう仲間に入ってしまうのでは、と本気で心配していたふしもありました。結局、さまざまな要因が重なって、私はユニバーシティ・オブ・カンザスを中退して日本へ戻ることになりました。

中央大学夜間商学部を二年半、カンザス大学を一年半で、どちらも中退しました。

意気揚々の〝凱旋帰国〟ではありません。最初からアメリカの大学を卒業することが目的ではありませんでしたが、それでもどこか挫折した思いを抱いていたことはたしかです。

カンザスシティからサンフランシスコまではサンタフェ大陸横断鉄道に乗車しまし

た。アメリカの鉄道に乗ったのはそのときが初めてです。日本で鉄道の客車といえば、向かい合わせの硬い4人がけの座席しかなく、座席に座れない人は新聞紙を敷いて床にじかに座っていました。

しかしアメリカの鉄道は全席指定。リクライニングがついたふわふわの座席は、まるでリビングのソファのようです。床は絨毯敷きでしたが、誰も床に座っている人はいません。

おまけに窓にはカーテンまでついていました。「まるで、リビングにいるようにぜいたくじゃないか」と私は感心してしまいました。こういう経験のひとつひとつは、そのときは何かの役に立つとは思えませんでした。

でも後から振り返ると、自分という人間を形成する上で血となり肉となっていたことがわかります。楽しかったこと、つらかったこと、驚いたこと、落ち込んだこと、すべての経験が、私「能宗孝」という人間を形づくっているのです。

プラスのこともマイナスのことも、すべてはその人の糧になる。だから若いうちにできるだけたくさんの経験をすることを私はすすめます。

こうして私のアメリカ留学は終わりました。アメリカにいたのは1年半（スリーセメスター：3学期）になります。昭和41年3月10日、私は客船で山下埠頭に着きました。22歳になっていました。

相手に忖度せず、YES、NOをはっきり言う

1年と6カ月のアメリカ留学で得たものは何かと聞かれるとひと言では語れません。両親があれだけの費用をかけて送り出してくれたのです。吸収できるものは全部吸収してこなければ、罰が当たります。

そう思って、経験できることはなんでも経験してきました。たとえばリゾートでは生まれて初めての乗馬体験に挑み、あやうく落馬しかけたり、メキシコまで行って、ひどい下痢になり、「ここで死んでは親孝行ができぬ」と根性で切り抜けたりなど、無茶なこともしました。

でも、私の生き方に影響するような大きな収穫をひとつあげるとすると、相手に忖度せず、YES、NOをはっきり言う姿勢でしょう。

日本人ならそこまで言うかと思うようなことでも、彼らは容赦なくYES、NOをつ

きつけてきます。私は日本から来て、何もわからないのだから、少しは配慮してくれるかと思ったら、そんなことはいっさいありません。

細々した学校の手続きやテストの受け方に関しても、「日本から来たから知らなかった」「わからなかった」ではまったく通用しない。「あなたは期日までに提出していなかったのだから、これは受け付けられません。NO！」で終わりです。

友人と食事に行って、「少し高いな」と思っても、せっかく誘ってくれたのだからと相手に遠慮して、黙って高いディナーにつきあう。あとでお金が足りなくなっても、友人は涼しい顔で「おまえは自分で高いディナーを選んだんだよな」と言い放ちます。

アメリカでは黙っていることは、すなわちYESです。いやなものはいやとはっきり言わなければ同意したことになる。日本にはない文化の洗礼を受けて、私も自分の意見をはっきり言うようになりました。

後に私は、商店街の再生や駅前再開発の反対運動や文化財の保護活動など、さまざまな場面で行政とぶつかり合いを経験します。周囲は「まあまあ、能宗さん。ここは相手の顔を立てて」とか「お互い事情をくんで、腹におさめるところはおさめて」とか、わけのわからないことを言いますが、何を寝ぼけたことを言っているのでしょうか。

意見が違うなら、はっきりそう言って、議論を戦わせたらいい。いやなものはいや。賛同できるところは賛同する。それでこそ、禍根を残さず、ものごとを前に進められるというものです。

言いたいことを言わずに腹におさめたまま、黙って我慢しているからいつまでもネチネチと不平不満がくすぶり続けます。私は誰に対してもはっきり意見を言うようにしています。

たとえ相手がお偉いさんだろうと、行政のトップだろうと、そんなことは知ったことではない。そうやってこれまで生きてきて、これからも生きていきます。「千万人といえども吾往かん」は中国の思想家孟子の言葉です。

正しいと思ったら、たとえ千万人が反対しようとも、わが道を行く。この生き方はアメリカ留学で得た、私の大きな収穫です。

アメリカで得た建築の知恵

もうひとつ、アメリカ留学で得た収穫で忘れてはならないのが、建築や建物に関する知識です。アメリカのトイレに入って、「足が見えている！」とカルチャーショックを受けたことを先述しましたが、それに類するような生活様式や建物の内装、建て方に関する違いなど、私には大変興味深く、印象に残りました。

それが後に私が手がけるマンション事業におおいに役立ったのですから、見たもの聞いたものをスポンジのように吸収できる若い時代に、外の世界に飛び出すことはおおいに推奨されるべきです。

アメリカの建物で私が感心したのは、現地の建物が非常に合理的につくられていたことです。たとえば水回りの配管は、みなむきだしにして、点検しやすいようにしてあります。

日本人はみっともないからと、配管は壁の後ろや天井、床下に隠すのですが、それだと不具合や水漏れがあったとき確認しづらい。管の交換も大変です。

なるほど、彼らは見てくれより、使い勝手を優先するのだと、その合理性に感服したものです。

ですから私が建設して、運営している「菊屋マンション」も重要な配管は可能な限りむきだしにしてあります。アメリカ留学時代に感心したこと、体験したことを私のマンションに応用してみた結果ですが、そのおかげで「菊屋マンション」はメンテナンスもよく、良好な管理状態を保っています。

天井や床をコンクリートの打ちっぱなしにしているのにも驚きました。日本ならその上に壁を貼ったり、木材で床をつくるのが常識ですが、彼らはそんなことはしない。最初に見たときは刑務所と同じではないか、とちょっと興ざめしましたが、床と天井と壁があれば、雨風はしのげる。考えようによってはシンプルで合理的なつくり方かもしれません。

窓や間仕切りに使うガラスも日本では模様や凹凸がある型板ガラスを好んで使いますが、アメリカではすべて透明なガラスです。型板ガラスは外から見えにくいという利点がある反面、視界がさえぎられて、どうしても圧迫感が生じます。

アメリカはほとんどが透明ガラスなので、開放的で部屋も明るく広々と感じられます。アメリカでクリアなガラスの生活に慣れてしまうと、型板ガラスで仕切られた日本の建物はただでさえ狭い上に、ますます狭く、暗く感じられます。

私が建てた「菊屋マンション」に透明ガラスが多く使われているのは、光がたくさん入って明るく開放的な室内になるようにするためです。

型板ガラスは使いませんが、かわりに目隠しが必要なところにはステンドグラスが入れてあります。ステンドグラスは外からの視線はさえぎりますが、光は通す。しかも光の加減で色が変わって変化が生まれる。

これもアメリカの教会を見て学んだことです。ステンドグラスのある「菊屋マンション」はおしゃれだと、入居者にも大変好評です。

「菊屋マンション」に生かされている経験といえば、窓枠をスチールにしているのも大きな特徴です。日本の建物の窓枠はかつては木製でしたが、それがスチール製になり、今はほとんどがアルミサッシです。アルミは密閉性や断熱性が高く、手入れも簡単で軽量です。

しかし「菊屋マンション」では、みなわざわざスチール製の窓枠を使っています。これは私がアメリカでひどい便秘に苦しんだ経験から来ています。

アメリカでは冬は暖房をきかせるので、室内はカラカラに乾燥します。体は軽い脱水症状になり、喉はがらがら、お通じは硬くなって、出るに出ません。私は1週間もお通じがなく、死ぬほど苦しみました。

あんな苦しい思いは二度とごめんです。室内は乾燥しすぎてはいけません。つまり密閉しすぎない。適度な換気が必要です。アルミサッシは密閉性が高いため、室内で暖房を使うと、非常に乾燥します。私のように便秘で苦しむ人が出てくるかもしれません。

ですから、「菊屋マンション」も、私が建設を手がけた建物はみなアルミサッシではなく、わざわざスチールで窓枠をつくっています。住む人の健康まで考えたマンションづくり。これもアメリカで私が得た経験がもとになっているのです。

「菊屋マンション」では現在、学生は、エレベーターつきの15階建てマンション1DKで、水道代、エアコン含みで月3万2千円と、リーズナブルな価格で提供していますす。留学していたアメリカで経験したこと、今まで私が受けてきたことへの恩返しの意味も込めて、敷金、礼金、不動産手数料をいただいていません。

建物はどんどん再利用すればいい

先日、私が留学していたユニバーシティ・オブ・カンザスのホームページを見て、びっくりしました。私が生活していた大学の寮が教育学部とサイエンス学部の建物に変わっていたからです。

寮を学部の校舎に変えてしまう。そういう変わり身の早いところがアメリカのいいところでしょう。日本ではそんなことはできません。デパートが撤退したあとを博物館に変えようと思っても、耐震基準がどうとか、避難経路がどうとか、いろいろ規制が出てきて難しい。

私は家具の倉庫を博物館に再利用しましたが、プライベート博物館ではなく、財団法人運営の登録博物館にするには、博物館法や消防法など、細かい規制がたくさんあって大変でした。ものごとをなぜもっと柔軟に考えられないのでしょうか。

木造がダメだと言うなら、４００年、５００年、１０００年前の日本の建物はどうなのでしょうか。

奈良の法隆寺は世界最古の木造建築です。法隆寺が建てられた１３００年前には耐震基準はありませんでした。それでも、地震が多い日本でずっと現存しています。ひるがえって、今のコンクリート建築はどうですか？　30年、40年も経たずに壊して建て直す建物が多いではありませんか。

紀尾井町にそびえたっていたあの高層の赤坂プリンスホテルだって、たった56年ですべて壊してしまったではありませんか。木造が弱くて、コンクリートの建物が強いというのは大嘘です。昔の日本の木造建築は素晴らしかった。

その技術や素晴らしさを後世に伝えるためにも、昔の建物をそのまま移築した福山自動車時計博物館の別館や「まちづくり博物館」は必要な存在だと思います。

日本瓦や銅板、御影石、タイル、門扉、建具、生活用品……古い家を解体して生じる廃材は宝の山。アメリカで見たスミソニアン博物館のように、しっかり残して、次の世代に伝えたい。

使えるものはどんどん使って再利用する。その知恵を日本人は後世に伝えていくべきでしょう。

アメリカ留学で得た逆転の発想

私の祖父は若くして髪の毛が乏しく、孫である私は周りからお前もいずれ40歳にならないうちにそうなると言われてきました。東京の銭湯で髪を洗うときも、できるだけ刺激を与えないように軽く行っていたほどです。

だから留学先のアメリカの大学のキャンパスで見た光景は今も忘れません。20代、30

代前後の若者で髪の毛のない人がたくさんいたからです。彼らの頭を見ると頭皮が硬く、表面が角質化している者もいます。

これはもっとマッサージして、柔らかく保った方が髪には良いのではないか。その日から私は気が付けば自分で頭に爪を立てて軽くひっかくようにしていました。血流を良くすることが育毛に良いことは、今では当たり前ですが、当時はそんなことを言う人はおらず、私の逆転の発想です。

おかげで79歳になる今、白髪こそあれ、髪は保っています。

近視についても私は当時の常識を疑いました。

近視になれば度の強い眼鏡をかける。進行すればさらに度の強い眼鏡をかける。これでは毛様体筋は常に緊張したままです。

私は度の強い眼鏡から度の軽い眼鏡に変え、ときには眼鏡をはずし、近くを見たり、遠くを見たりしていました。

すると不思議なことに、時間はかかりましたが、ド近眼だった私の視力は０・７くらいまでに回復したのです。

あくまでも個人的体験で、万人に通じることではないかもしれませんが、おそらくこういう発想も日本にいただけでは思いもよらなかったでしょう。異文化に触れたおかげで柔軟に逆転の発想ができたのだと思います。

第五章

熱意が人を動かす

父の会社に入社、跡継ぎに

昭和41年、1年半のアメリカ留学を終えて、私は故郷の福山に戻りました。さて、次の身の振り方をどうするか。父は私に商社勤めをすすめました。ちょうど神戸で親戚が貿易商社を経営していました。

「親戚だから、悪いようにはしないだろう。しばらくそこで働いて、社会勉強をさせてもらったらどうか」

という意見です。しかし私はアメリカでさんざん苦労をして、自分で道を切り開いてきました。今さら親戚の会社で社会人のまねごとをさせてもらわなくても、最初から自分の家の事業をついで、経営の実践をしてみたいと思いました。

そこで父の会社である「株式会社菊屋」に入社し、常務になりました。

「株式会社菊屋」は、昭和21年6月から自宅がある大黒町の商店街の一角で家具店を営んでいました。当時は「菊屋デパート」といい、鍋、釜などの日用品ほかさまざまな生活用品をとりそろえて、おおいに繁盛していました。

しかし、時代は変わります。大家族から核家族に家族の形態が変わり、小さなサイズの住宅団地が全国に広がり始めると、嫁入りの際に豪華な婚礼家具を用意する風習もすたれていきました。

家具の事業だけでは、先細りになる。先を見る嗅覚は父も鋭いところがありました。私がアメリカに留学する前年の昭和38年、木造二階建て26世帯のアパート「菊屋荘」を建設、不動産賃貸事業に乗り出していたのです。

このアパートは、このころとしては珍しく水洗式のトイレでした。まだ私たちが住む自宅さえ水洗ではなかった時代に、アパートだけはハイカラな水洗式トイレにしたので、ずいぶん話題になって、入居希望者が押し寄せました。このへんの感覚はさすがに商売人の父は優れています。

余談になりますが、このアパートは土建業をしていた母の父、つまり私から見たら祖父にあたる松坂栄太郎から、解体した小学校の建材を譲ってもらってリノベーションしたものです。

今、「福山自動車時計博物館」として使っている建物も、元は家具を置く倉庫でしたが、別の小学校が解体された際の建材を再利用して倉庫に使ったものです。

祖父のやり方を見て育っているので、私には再利用できるものを捨ててしまうのはもったいないという価値観が当たり前のようにしみついています。まだ使えるのに、どんどん捨てて消費する神経がわからない。

「もったいない」「まだ使える」の精神が、とうとう自分でオールドカーや古い時計、建物の博物館をつくってしまうところにまで行き着いてしまったのですから、天国にいる祖父はさぞかしご満悦でしょう。

最後まで手をつくし、〝鹿鳴館風〟のマンションが完成する

祖父栄太郎は会社を11社も持っていたやり手です。とくに倉庫業では成功し、今でも朝日倉庫という会社は、府中市界隈の流通の一部を引き受けています。私の父の敏雄がどちらかというと繊細で、人を使うのが苦手だったのに対して、栄太郎は根っからの経営者タイプでした。

私は父よりも栄太郎のほうの血筋を濃く受けたようです。父の会社に入ってからは、斜陽に向かう家具屋の仕事より、不動産事業に力を入れるべきだと考えるようになりま

した。

私が積極的に事業拡大を考えたのは、小学生のころから、周囲から言い聞かされていた言葉の影響もあります。それは「親辛抱・子楽・孫ホイトウ」というものです。親の代で苦労して家を大きくして、子どもの代は楽ができるけれど、やがてその財産を食いつぶし、3代目の孫の代になると路頭に迷うというのです。

実際、家業が親子3代続いても、3代目、4代目以降で没落してしまう例はいくらでも見てきました。「あんたもそうなってはいけないよ」と、経営者が多かった母方の親戚からは口を酸っぱくして言われたものです。

アメリカ留学という大チャレンジをしてきたのも、私の代で家をつぶしてはならないという責任感が一端にあったのはたしかです。

これからは不動産業が有望だという考えもありましたので、入社早々、私は新しいマンションを建設しようと考えました。木造のアパートではなく、鉄筋コンクリートのマンションです。

福山にはまだマンションが一軒もない時代。鉄筋のマンションの賃貸経営を思いついたのは、私がアメリカで向こうの建物を見てきた成果だと思います。アメリカでは鉄筋コンクリートのマンションを借りて住むのが当たり前だったからです。マンション建設にはまとまった資金が必要でしたので、銀行から借り入れをしなければなりませんでした。

思わぬ突破口が開かれたのは、私が駅前で三菱銀行の看板を目にしたことからでした。私は三菱銀行と取引したこともなければ、中に入ったことさえありませんでした。それでもダメで元々と、初見で融資を頼み込んでみたのです。最初は担当者が、次に支店長が対応してくれました。アメリカから帰ってきたばかりの私に、支店長は事業計画や返済計画について、つっこんで聞いてきます。

私は福山に新幹線が停まるはずだということ。そうなれば地価が上がるので、その前にマンションを建てたいということ。私にお金を貸さないのなら、時間の無駄だから、さっさと話を切り上げたいことなどを話しました。

まだ24歳で、社会経験もない世間知らずな若造がずいぶん生意気なことを言ったものです。しかし支店長は辛抱強く話を聞いてくれました。結局、何回かの話し合いのあと、三菱銀行が「株式会社菊屋」にマンション建設の資金を融資してくれることが決まったのです。

長く取引がある地元の銀行ではなく、見ず知らずの銀行が融資してくれたのですから、人生は何が起きるかわかりません。どんなこともあきらめずに最後まで手をつくしてみるものです。

道はひらける。私が尊敬する松下幸之助が言ったとおりです。

昭和42年、福山駅から徒歩5分の好立地、城見町というところに、初めての鉄筋コンクリートづくりのマンションが完成しました。「城見町ビル」と名付けられたこのマンションは、色鮮やかな洋風の6階建て。アメリカで見た建物を真似ているので、エレベーターもついていて、見るからにハイカラなマンションです。のちにこのマンションは、明治時代に西欧化の牽引役を果たした鹿鳴館の建物にちなんで「鹿鳴館風」と呼ばれるようになりました。

私はとくに鹿鳴館を意識したわけではありませんでしたが、赤煉瓦を多用した明るい色調の開放的な外観は、町なかにあってもパッと目を引き、地域のランドマーク的な存在になりました。

以後、私は次々とマンションを建設。平成7年、1995年までの間に、福山市内に計11棟の賃貸マンションを建設しています。最後に建てたマンションは、福山市でも珍しい高層15階建てのマンションです。いずれも華やかな〝鹿鳴館風〟。デザインや内装は可能な限り私が担当しました。水洗トイレ、エレベーター、インターフォン、透明ガラス、スチールサッシ、機能的な配管……。

さらにマンションの周りにはヨーロッパから仕入れた花台を置いて、木や草花を配し、太陽の光と緑が感じられるよう工夫もしています。オールドカーを一階に飾ったマンションもつくりました。

アメリカで見てきたことが思い切り生かされた菊屋モデルのマンションはかなりの注目を集め、空室待ちが出るほどの人気になりました。

敷金も礼金もいらないマンションに

建てたマンションの維持管理もしっかり行っています。躯体そのものは鉄骨だから、さびなければ、１００年はもちます。でも外壁や屋上を覆うコンクリートは年月がたつとヒビが入って傷んできます。「菊屋マンション」はメンテナンスをしっかり行い、小さなクラックも見逃しません。

各階には必ずひさしをつけ、コンクリートをトタンやスレートで覆っています。ひさしもぐるりと360度回して覆ってある。だからコンクリートは太陽光にも雨にも当たりません。

城を見てください。屋根には必ずひさしがあって、ぐるりと囲っています。だから福山城も400年近く持ったのです。私のマンションにもひさしがあって、各階を囲っています。こうすれば、200年持つマンションになるはずです。

最初に建てたマンションは築55年になりますが、少しも古びた感じはしません。メンテナンスがいいからです。

実は私は自分でもマンションの修理やメンテナンスができるのです。きっかけは昭和48年、オイルショックのときでした。折しもそのとき私は大黒町の自宅があった場所に本社ビルを建設中でした。

物価が高騰、企業の倒産が相次ぎ、経済が混乱していた時期です。町には失業者があふれ、大工や職人も散り散りになりました。工事を続けようにも、人が集まらない。それなのにコストはばか高くなる。

それなら自分たちでやるしかない、と番頭格の社員と一緒に大工仕事を始めたのです。もともと私は機械いじりやモノづくりが大好きです。手先の器用さには自信があります。一緒に手伝ってくれた社員も、日頃からきめ細かくマンションのメンテナンスを行っていたので、知識はあります。

二人で助け合いながら、工事を進めると、結果的に何とかマンションを完成させることができたのです。何でもやってみるものだと思いました。

このときの経験があるので、のちに博物館で古い車や時計が壊れたときも、簡単な修理なら自分たちでできるようになりました。それぞれがその道のプロという気概と自信を持てば、技術や結果は後からついてくるものです。

平成7年、1995年以降、「菊屋マンション」は新しい建物を建てていません。それは需要の問題です。「菊屋マンション」は全部で11棟630戸の住戸があります。それで十分です。

子どもの数が減り、この先、日本は人口が減っていきます。

それより注力すべきは、今あるマンションを社会のために役立ててもらうことです。私ははっきり言って、マンションをどんどん建てて転売したりして、金儲けをしようとはさらさら思っていません。

うちのマンションに入居してくださった人たちが、快適で幸せな生活を送ってほしいと願っているだけです。困っている人がいれば、部屋も提供したい。2022年、ウクライナから避難してこられたご家族にしばらく部屋を提供していたこともあります。

できるだけ多くの人に利用してもらいたいので、うちのマンションは学生に限らず、礼金も敷金ももらいません。不動産屋に支払う手数料も必要ありません。入居の初期費用だけで家賃の5、6カ月分の負担が必要なのは、日本の不動産屋だけ。アメリカではそんな悪しき習慣はありません。

うちのマンションは長く住み続ける人が多いのです。初期費用がいらないので、入りやすい。住めば、環境はいいし、メンテナンスはしっかりしている。それによそに引っ越せば、礼金や敷金などたくさん必要です。

「菊屋は入りやすくて、長く住み続けやすい」。いつからかそんな評判が定着するようになりました。大家としてはうれしい限りです。人の役に立つ。人に喜んでもらう。仕事をしている意味はそこにあるのではないでしょうか。

27歳で理想の女性と結婚する

昭和45年、27歳のとき、私は妻の節とお見合い結婚しました。22歳でアメリカから戻り、父の会社に入社した後、私には縁談があちこちから持ち込まれるようになりました。しかし「これは」という女性になかなかめぐりあいませんでした。

私はギャンブルはもちろん、女遊びも、アルコールも一切やりません。趣味といった趣味もありません。ただもう世の中の役に立つことがやりたい。仕事がしたい。

だから私が結婚に期待するとしたら、ただひとつ。私のかわりに家庭を守ってほしい。私は外で仕事に全力投球します。かわりに、妻となる人には、家庭をしっかり守ってほしいと思いました。

27歳になったとき、お見合いでようやく理想の相手とめぐりあうことができたのです。

妻の節は明治学院大学を卒業した知的な女性で、とても優しい人でした。私は妻の考え方や家庭的な人柄が一度で気に入り、「この人なら」とお見合いした当日に結婚を決めてしまったほどです。

この決断は大成功でした。私たちは一男一女に恵まれ、妻は子どもたちを立派に育ててくれました。

私の人生にはいろいろな出来事が起きましたが、トラブルも含めて全部が楽しかった。唯一悲しかったのは、妻が２０２１年に亡くなったことです。妻は私の人生の一部。私の半身のような存在でした。

妻に感謝して、昭和57年に胡町に建てたマンションには「Setsu Nohsoh Hall」という銘を御影石に彫ったプレートがあります。ついでにいうと平成7年、最後に建てた15階建てのマンションには「Takashi Setsu Nohsoh Hall」と夫婦ふたりの名前を刻みました。ほかにも父の名前を冠した「Toshio Nohsoh Hall」や母の名をつけた「Michiko Nohsoh Hall」、祖父の名前を彫った「Seiichi Nohsoh Hall」など、私が建てたマンションには、すべて家族の名前を御影石に彫ったプレートがあります。

公にはなっていませんが、私がひそかにそう呼ぶのは何の問題もありません。アメリカでは建物に人の名前をつけることが多かったので、それに倣ったものです。私を支えてくれた両親、そして妻に対する感謝の気持ちをこんなところにそっと込めているわけです。

さびれゆく商店街を何とかせねば

27歳で結婚し、身を固めた私は、それまで以上に仕事に没頭しました。昭和48年から53年にかけては4棟のマンションを続けざまに建設。とくに昭和53年に竣工した6階建て48世帯の「城見町マンション」は、35歳だった私が設計から内装まですべて手がけた渾身の力作です。

まだ30代半ばの若輩者とはいえ、ビル一棟を自力で建てた実績が私の大きな自信になりました。

「もうそろそろいいだろう」。私は満を持して、ある計画の実行に動き出したのです。その計画とは、本社ビルがある大黒町商店街の再生です。

大黒町は江戸時代から呉服を中心とした商店で栄えた由緒ある商店街です。福山駅の北東側に位置しており、市内でも有数の賑わいを見せる地域でした。私がまだ小学校にあがる前、両親は大黒町に自宅を建て、引っ越しました。

父はこの商店街に家具店を出し、おおいに繁盛させたのです。私にとって大黒町は愛着があるホームタウン。心のふるさとでした。その商店街が年々さびれていったのです。

話は私がアメリカから帰国した昭和41年、22歳のときにさかのぼります。1年半のアメリカ留学を終えて日本に帰国した私は、大黒町商店街のあまりのさびれた様子に愕然としてしまいました。

「大黒町はこんな寂しい町だったっけ？」

アメリカで賑わいを見せるショッピングモールやデパートを見てきた私には、大黒町商店街のさびれようが、衝撃的に映ったのです。

とくに問題だったのが、商店街全体を覆っているアーケードです。もう古びて、あちこちが傷んでいるアーケードが、商店街全体をどんよりとよどんだ空気にしていました。木製の電柱も傾いていて、そのせいで商店街に自由に車が入ることもできません。

アメリカの広いショッピングモールを見てきた私には、商店街がまるで狭い穴蔵のように感じられました。もしアメリカに行っていなければ、これほど鮮明に問題意識を持たなかったかもしれません。

ゆでガエルが、だんだんにゆであがっていくと、熱さを感じないように、ずっと大黒町にいて、日々この景色を見て暮らしていたら、事態の深刻さに気付かなかった可能性があります。

でもいったん日本を出て、外から客観的に商店街を眺めてみると、明らかに大黒町は衰退に向かって突き進んでいました。

「これは何とかしなければいけない」。しかしまだ何の実績もない22歳。青二才の私が何か言っても到底聞いてもらえるような雰囲気ではありませんでした。

「とにかく実績を上げなければ」。20代から30代にかけて、私がひたむきに仕事に打ち込んだのも、頭の中に大黒町商店街を何とかせねば、という問題意識があったからです。

オイルショックを乗りこえ、「菊屋マンション」は順調に棟数を増やしました。そして、設計から施工、完成まですべてを自分の手でなし遂げた「城見町マンション」を完成させてからは、「もういいだろう」と大黒町商店街の活性化に本格的に取り組もうと決意したのです。

折しも、福山駅前には専門店ビル「キャスパ」が華々しくオープン。駅前が賑わいを見せていました。それと反比例するように、駅の北側にある大黒町商店街は衰退の一途をたどっていたのです。大黒町を再生するには、もう一刻の猶予も許されない状況が迫っていました。

ＰＰＭこそ商店街活性化のキーとなる

大黒町商店街をよみがえらせる秘策が、私の頭の中にはありました。それはＰＰＭという考え方です。

Ｐはパーク、公園のＰ。もうひとつのＰはパーキング、駐車場のＰ。Ｍはマーケット、多目的広場の意味です。

アメリカのショッピングモールは開けた大空のもと、広大な駐車場と恵まれた緑があり、開放的な雰囲気でした。そこに行くだけでワクワクするような明るさと躍動感がありました。買い物をする場所はこうでなければなりません。

遠くからもお客さんに来てもらうためには、駐車場は必須ですし、車が自由に入れる広い道も必要です。ほっとひと息つけるような緑や公園があれば、家族で楽しむこともできるでしょう。オアシスというのは、太陽と水と緑があるからオアシスなのです。

ＰＰＭこそが大黒町を再生するキーポイントだと考えた私は、同じように危機感を抱いていた商店街の商店主たちと一緒に「福山北部再開発努力会」という組織をつくりました。

最初に掲げたのは、アーケードの撤去です。諸悪の根源はアーケードだと私には思えました。人間はきれいな水と空気と太陽がなければ生きていけません。商売も同じです。緑と青空がなければ、繁盛しないのです。

大黒町は福山市の中でも、いち早く昭和30年にアーケードを、しかも自前で取り付けた商店街でした。全天候に対応できる屋内型の商店街は当時は最先端で、多くの買い物客を引きつけました。

しかしそれから約四半世紀、アーケードはボロボロになり、暗い商店街はまるで廃墟のようになっていました。とにかくアーケードを撤去して、空と太陽を取り戻そうと、私は動き始めました。

ところが、幾多の障害が立ちはだかるのです。まずアーケード撤去に関して、自治体の補助金が出ないことがわかりました。アーケードを取り付ける際には、補助金が交付されます。しかし撤去は自前で行わなければなりません。アーケードの撤去は商店街の振興にならないから、というのがその理由です。

こんなバカなことがあるでしょうか。古くなったアーケードこそが、商店街の振興を妨げているというのにです。加えて、もっと大きな問題が立ちはだかりました。ほかならぬ商店街の人たちの反対です。

賛成5人反対45人からの大逆転

「アーケードの撤去に賛成か、反対か」

「福山北部再開発努力会」では商店街の商店主たちで構成する組合員にアンケートを行いました。その結果、組合員50人のうち、撤去に賛成はたったの5人、反対が45人もいたのです。

反対の理由は「雨が降ったら商品が濡れる」「アーケードがないと商品が日に焼ける」など。そんなことは商品を移動させればいいことですから、私にはたいした理由に思えませんでした。

本当の理由はそこにはありません。今までアーケードがあるのが普通だった人たちにとっては、日常が変化するのが怖かったのではないかと推察できます。

人間は変化が怖い。とくにジリジリと衰退していくしかない状況で、思い切った行動に出るには勇気がいります。

といっても、現状のままにしていても、いずれは破綻してしまいます。そこで私は反対する人たちを一軒一軒訪ねては説得しました。

「あなたのところは、リヤカーでいちいち商品を店まで運んでいると聞きますが、アーケードを取って道が広がったら、店の前に車が横付けできるから、今までみたいな手間はいりませんよ」

反対する人にはこんなことも言いました。

「赤ちゃんをつれて歩いている人に、上からアーケードの壊れたものが落ちてきて当たったらどうしますか？　商店街としては責任が取れませんよ。あなたが反対しているんですから」

実際、大阪の心斎橋でそういう事件も起きていました。朝昼晩、毎日45回、反対している人のお宅を繰り返し回ったでしょうか。朝訪ねて、昼訪ねて、また夜訪ねる。相手がいないと、夜間に訪問したこともありました。

私の熱意に負けて、だんだんとアーケード撤去に賛成する人が増えていきました。とうとう最後の一軒までこぎつけたのは、説得を始めて半年後のことでした。

結局、その一軒も賛成に回り、アーケード撤去が満場一致で決議されたのです。

無償でもらったタイルや煉瓦を建築資材に活用する

アーケードを撤去する費用を自分たちでまかない、昭和54年、アーケードは撤去されました。今、大黒町商店街は鹿鳴館風のロマンあふれる街並みに生まれ変わっています。

歩道は赤煉瓦を敷きつめた広々としたつくりで、ガス灯を思わせるレトロな街灯が等間隔に並んでいます。

時計台が高々とそびえたつ三木耳鼻咽喉科医院などが鹿鳴館風のクラシックな洋館になっています。

三木耳鼻咽喉科医院を洋館にしたことで、周辺の建物も改築・改装するときには、外観を煉瓦づくりやタイル貼りにした洋館風に合わせていったのです。

「さぞかしお金がかかったでしょうね」と知らない人は言いますが、そんなことはありません。道路や建物の煉瓦や御影石、タイルなどは余りものや解体した建物のものをタダ、または格安で譲ってもらったものばかりです。

タイルや煉瓦を同じ色で統一しようとしたら、莫大なお金がかかります。でも、半端になった余りものなら、タダ同然。業者にとっては産業廃棄物としてお金を出して処分しなければならないものを、私が引き取るのですから、ありがたいばかりです。

こうして私が提供する安い材料を使って、建て替えられた建物は外観に色とりどりのタイルや煉瓦が組み合わさり、逆に斬新に見えます。

東京から来たデザイナーなどモザイク状の石敷きを見て感動し、「さぞかし、入念にデザインされたものでしょうね」と言うのですから、おかしくてたまりません。

「福山自動車時計博物館」にあるオールドカーや時計のように、きちんと手入れして、生かせる場所で生かしてやれば、捨てられそうだったものが宝物に生まれ変わるいい例です。

アーケードを撤去し、生まれ変わった大黒町商店街には北海道から九州まで全国各地から視察団が訪れました。一番驚いたのは、福山市の青年会議所（ＪＣ）がつい最近、視察に来られたことです。

大黒町の北側にそこだけ味気ないコンクリートの建物がありました。胡町交番です。他の建物はどんどん鹿鳴館風に変わっていくのに、交番だけが周囲から浮いていて、視察に来る人たちからも「あのみすぼらしい建物は何なんですか？」と言われる始末です。

県警に交番の建て替えを要請したところ、耐用年数がまだあるので無理、との回答でした。しかし当時広島県知事だった竹下虎之助さんに直接交渉し、交番もロマンあふれる洋館風に建て替えてもらいました。

広島銀行の福山胡町支店も建て替え計画があったので、私が何度も足を運んで、鹿鳴館風にしてほしいとお願いしました。

最初は色よい返事はもらえませんでしたが、橋口収頭取（当時）にお願いしたところ、「地域の街づくりに協力するのは当たり前だ」と即決していただけました。やはりトップに立つ人間は、度量の大きさが違います。

こうして多くの人たちの協力を得て、私のホームタウン大黒町商店街は生まれ変わりました。邪魔なアーケードを取り払い、光と緑と広い道がある、開放的な商店街に生まれ変わったのです。

福山城の石垣をお寺でよみがえらせる

平成17年、福山駅北口のマンション建設現場で石垣が見つかりました。江戸時代の初め、福山城がつくられたときの外堀の石垣でした。江戸時代の工法がわかる貴重な歴史的文化財ですが、福山市は「市有地ではないので、市としての保存はできない」とのこと。

マンション建設業者に処分を任せることにしたのです。業者は「文化財を捨てるには忍びない」と一部をモニュメントとして残すことにしましたが、ほとんどは廃棄される運命にありました。

私はその話を聞いて、頭に血が上りそうになりました。歴史的にも価値がある文化財を廃棄してしまっていいのでしょうか。保存して、後世に残そうという気概を持つ者が、行政には一人もいないのでしょうか。

何とかせねばと思っていたところ、私と同じように義憤を感じていた實相寺の副住職から声がかかりました。

「この石垣をうちの寺で保存できないだろうか」

實相寺は私が筆頭総代を務めているお寺です。私自身は特別な宗教を持っていませんが、能宗家が實相寺の檀家だったことや、年々お寺の建物が老朽化し、大改修に迫られていたために、急きょ、私が筆頭総代を務めて、改修に関わることになったのです。福山城の石垣が発掘されたのは、そんな矢先でした。ちょうどお寺の大改修の時期でしたし、それに合わせて、廃棄される福山城の石垣を移築しよう、とプロジェクトがスタートしました。

私は寺に近代的なコンクリートやプラスチック、金網などは似合わないという考えを持っています。そんなものにお金をかけるより、まだ使える古い木や石、瓦などのリサイクル品を使って、古き良き時代の日本の風土にあった寺にしたいと考えていました。

廃棄される福山城の石垣は、まさに私が考えていたコンセプトにもぴったりです。そこで、マンション建設業者に、出土した石垣の石を實相寺まで運んでもらいました。何台ものトラックが発掘現場と寺の間を往復しました。

こうして運ばれた石を組み合わせて、まずは広い石畳の参道をつくりました。檀家だけでなく、誰でも自由に参拝できるよう、広い参道にして、開放的なつくりにしたのです。

また寺の敷地を支える土台にも、福山城の石垣を使い、古い工法で積み上げたのです。福山城の外堀をその場に残すことはできませんでしたが、石垣は移築して、實相寺でよみがえりました。

行政はコンクリートで新しい建物を次々とつくることには一生懸命でも、古いものを大事にして残す発想はありません。ＳＤＧｓということが世界的に言われているのに、いまだに大量消費して、自然を破壊し、コンクリート一辺倒の行政をしています。

そうやってお金をかけてつくったものが、いずれはどうなっていくでしょうか。福山市は広島市に次いで県内で二番目に大きい都市ですが、鳴り物入りで登場した駅前ショッピングセンターのキャスパは閉店しました。中国四国地方では最大規模を誇ったそごうデパートも閉店しています。

周辺の商店街はどんどんさびれ、街は元気をなくしています。この上、さらにコンクリートで箱ものをつくっても、人口は減っていくばかり。いずれゴーストタウンが残るだけです。

私は、福山市は今後観光都市で生きていくしかないと思っています。歴史的な文化財を保護して、文化をつくり出していくこと。次の世代を考えたとき、それがいちばん賢い道ではないかと思っています。

第六章

失敗の数だけ
人は大きく賢くなれる

勉強は何のためにする？

人は何のために勉強するのでしょうか？　「将来のため」「好きな仕事につくため」「可能性を広げるため」など、いろいろな答えがあるでしょう。でもよくつきつめて考えてみてください。

今の勉強はみな受験に受かるためではありませんか？　いい学校に入るため。入学試験でいい成績をとるため。少しでも世間的に知られている偏差値の高い大学に入るため。そうでなければ、受験テクニックを教える塾が、盛況を極めるわけがないではありませんか。

目的は受験。そんな夢がない目標を掲げるから、勉強がいやになってしまうのです。受験が終われば一切使わなくなるその場限りの知識を覚えるために、毎日、眠い目をこすって勉強したいでしょうか？

登校拒否や学習不振児がたくさん出てしまうのは、勉強の目的が受験のためになっているからです。

人は何のために勉強するのか。今一度、この問いを真剣に考えてみなければいけません。

江戸時代、大人たちは子どもに「読み、書き、そろばん」を熱心に教えたものです。彼らは何のために勉強したのかというと、いい学校に入るためではありません。社会の役に立つ人間になるためです。

武士であれば、主君に仕えて、藩や幕府の役に立つため。商人であれば、商売繁盛に役立つために。

社会のために役立つことは、ひいてはその社会に暮らす自分の役にも立ちます。もちろん、家族や地域に暮らす人々の役にも立ち、喜ばれる。みなが喜び、自分も人の役に立ってうれしいから、喜ぶ。そういう喜びを得るために勉強するのです。

そもそも勉強とは喜びのため、社会の役に立つためにするものです。たかが受験に受かるためというちっぽけな目的のためではありません。

「勉強するのは、世の中の役に立てる人になるためなんだよ。役に立って人に喜んでもらうためなんだよ。人に喜んでもらえたら、自分もうれしい。だからうれしい人生を送るために勉強するんだよ」

そう子どもに教えれば、喜んで勉強するでしょう。勉強の仕方も変わるはずです。わけもわからず記号や年号を暗記する苦痛も感じなくてすみます。

たとえば「読み、書き、そろばん」の「読む」を例にとると、読むときは声に出して、音読する。そうすれば、目で読んだことを声に出して、耳で聞き、何度も反芻できるので、より理解が深まります。

「書く」ときは、声に出しながら書いていく。書くことと声に出して読むことをシンクロさせれば、脳が活性化して、書いた内容が定着します。

テストの点数に一喜一憂したり、点数が悪かったからと落ち込んでやる気をなくすのは、受験勉強をしているから。

勉強がつらくなったら、「これは世の中のためなんだ」「自分のためなんだ」「みんなが喜ぶためなんだ」と、勉強本来の目的に立ち返ってみましょう。「世のため、人のため」そして最後は「自分のため」。そう思えればたいていのことは頑張れるのではないでしょうか。

汚穢船を知っていますか？

私が東京で中央大学に通っていた昭和30年代後半、御茶ノ水駅の横を流れる神田川には「汚穢船（おわいぶね）」とよばれる人糞を乗せた船が何艘も行き来していました。

当時は東京といえどもまだ下水道が完備されておらず、トイレのし尿は専門の業者が来てくみ取り、船にまとめて東京湾の沖のほうに捨てていたのです。

戦後復興で都市の人口が増えるにつれ、とくに東京では「汚穢船」の行き来が活発になりました。東京の発展を文字通り下支えしていたのが、「汚穢船」だったわけです。

一方、田舎のほうでは、私がまだごく小さいころはリヤカーに人糞を入れた桶を積み、運んでいる光景をよく目にしました。リヤカーが揺れて、桶の中身が飛び散らないように、桶の上にはわらで編んだふたがしてありました。

リヤカーではなく、人が天秤棒で人糞の入った桶を担いでいたこともありました。し尿を畑の作物の肥料に使っていたので、町に出て野菜もしくはお金と交換する農家の方がたくさんいたのです。

ついでに言っておくと、日本では長く野菜を生で食べる習慣はありませんでした。なぜなら生野菜には回虫など寄生虫の卵がついているからです。肥料に使った人糞には寄生虫の卵も含まれていて、野菜と一緒に食べてしまうと、お腹で寄生虫になります。

アメリカでは生のレタスやトマトやきゅうりをそのまま平気でパクパク食べます。「アメリカ人はニワトリみたいだな。生で食べて大丈夫なんだろうか」と私は驚いたのですが、彼らは肥料に人糞を使いません。

野菜に人糞がかかっている日本と違って、アメリカの野菜はきれいです。生で食べても大丈夫だったわけです。

なぜ、こんな尾籠（びろう）な話をするのかというと、今の子は日本で人糞が肥料に使われていた事実をまったく知らないからです。「汚穢船」や人糞を積んだリヤカーや大八車が行き来していたのは、遠い昔、鎌倉時代や江戸時代の話ではありません。

今からたった60年くらい前のこと。私が子どもだった昭和20〜30年代ですから、ついこの間の話です。そんなちょっと前の生活ですら、今の子はまったく知らない。教える人もいないのです。

このまま放っておいて、私たちの世代が死んでしまったら、あの時代の生活を語る人はいなくなってしまいます。

もちろん文章や写真で残すことはできましょうが、リアリティを持って実感することはできないでしょう。

見て、さわって、体験することが大切なのです。「福山自動車時計博物館」では昭和30年代に人糞を運んだリヤカーと桶、わらのふたまで保管して展示しています。

それに乗ったり、さわることができる。私は子どもたちをリヤカーに乗せてから、おもむろに「実はな、このリヤカーで、うんこを運んだんだよ」と説明します。すると子どもたちは「わー、汚ねえ！」「うんこだ！　うんこだ！」と大騒ぎになります。その体験が大切なのです。

博物館の役目のひとつは、こまごました生活の備品や建物をそのままの状態で保存し、後世に残すことです。明治時代、日本に来て大森貝塚を発見したアメリカの動物学者エドワード・モースは、日本で多くの民具や陶器を集めました。

その中には泥がついたままのちびた下駄や使い古したかるたなど、当時の生活がありありと垣間見えるものがたくさんあります。博物館の役割とは、本来、生活そのものを保存して見せることではないでしょうか。

古代の財宝や恐竜の骨をピカピカに磨きたてて、これみよがしに見せびらかすだけが博物館の役割ではありません。もちろんそういう展示も無意味とはいいませんが、暗い部屋でそこだけスポットライトを当てて、ご大層に、ガラス越しに遠くから見学させても、子どもの心には「へえ〜、そんなものか」という薄い印象しか残らないでしょう。大切なのは、自分の五感で感じ、見て、さわって、生きた体験として持ち帰ってもらうことです。

私はリンカーンの時代の丸太小屋を見て感心しました。当時の丸太小屋をそのまま保存してあるため、その時代の生活が現実感をともなって実感できるのです。

たとえば暖炉の裏に空洞があります。何のためかというと、インディアンが攻めてきたときに隠れるためです。「あの穴に隠れて命を守ったのか」と思いをめぐらすだけでも、世界がぐっと広がります。中に入って見たり、ふれたり、実際に穴に入ったりすればもっといい。

ですから私の「福山自動車時計博物館」は、「のれ、みれ、さわれ、写真撮れ」なのです。

過酷な使用に耐えて日本を支えたバキュームカー

トイレ話をもう少し続けます。昭和38年、父が初めて建てた「菊屋荘アパート」は当時では珍しく浄化槽を完備した建物でした。アパートの部屋はみな水洗トイレです。私たちの自宅でさえまだくみ取り式のぼっとん便所でしたから、水で流れる水洗トイレは福山市内でも最先端でした。

菊屋の物件に住んでいただく店子さんたちには少しでもいい暮らしを、との父の配慮だったと思います。

このころ、大活躍したのがバキュームカーです。トイレに糞尿がたまると、みなバキュームカーを呼んで、くみ取ってもらいます。下水道が完備されるまで、バキュームカーは生活になくてはならない存在でした。

「福山自動車時計博物館」には昭和40年代に活躍したマツダの小型三輪のバキュームカーがあります。この車は福山市内で長年、バキュームカーとして使われたあと、整備を請け負っていた自動車整備会社に引き取られ、木々への水やりなどに使われていたそうです。

その後、自動車整備会社で保管されていたものを譲り受け、リストアする前のさびや傷が目立つ状態を、博物館でそのまま見ていただいていました。

高度経済成長時代、まだ下水道が整わない街の中の狭い道路を走り回り、過酷な使用に耐えながら、人々の生活を支えた車です。

こうしたオールドカーを見たり、さわったり、乗ったりしながら、当時の生活を疑似体験し、味わっていただければと思います。

なお、マツダの小型三輪のバキュームカーは現在は修理中で、見学することができませんが、そのうち博物館に戻し、再び展示しようと思っています。

挑戦は「失敗」を経験するためにある

アメリカに渡って1年半ほどして、ホームシックにかかってしまいました。

幕末に咸臨丸に乗って、生まれて初めてアメリカに渡った勝海舟たちも、きっと同じことを思ったに違いない、と私は推察しています。それくらい初めての挑戦は難しく、予想外なもの。まったく思うようにはいきません。しかし、チャレンジするとはそもそもそういうことなのです。

初めてのことをやるのですから、うまくいくわけがない。挑戦とは失敗するためにある、というのが私の考え方です。失敗して、失敗して、また失敗して、落ち込んで、それでもあきらめずに挑戦したことが、あとで何十倍、何百倍もの財産になって返ってきます。

何もしなければ時間の無駄ですが、やって失敗したことはすべて人生の役に立つ。役に立つような人生を自分でつくっていけばいいだけの話です。

市民運動家の小田実さんは、学生時代、帰国用の航空チケット1枚と現金200ドルだけを持って、世界22カ国を旅行して回りました。

今でいうバックパッカーの走りです。小田さんの体験談は著書『何でも見てやろう』に記されています。

小田さんの旅の日々は苦労、失敗、挫折、予想外の連続だったようです。今のように世界を旅する若者が少なかった時代ですから、小田さんの苦労は想像を絶していたでしょう。でもそれらを含めて、すべてが体験であり、財産であり、後に日本を変えるような市民運動家になる小田実さんの原動力になりました。

咸臨丸でアメリカに渡った勝海舟たちも同様です。ものすごくたくさんの失敗や挫折を経験したからこそ、彼らは日本の近代化に大きな役割を果たすことができたのです。幕府の中にいて、権力に守られながら、こぢんまりと失敗なく役人生活を送っていたのでは、なしえなかった改革でした。

挑戦とは失敗を経験するためのものです。そして失敗がなければ、成功もない。挑戦は失敗するためにある。そう考えれば、挑戦するのに何を怖れることがありましょうか。

私は中央大学の夜間部に入りました。中央大学の夜間部に入ったからこそ、昼間はインド大使館で働けたのだし、インド大使館で英語を使っていたからこそ、アメリカ留学の機会を得ることができました。

挑戦して失敗すれば、それだけ新しい道の扉が開きます。

若い人はどんどん挑戦したらいい。そしてどんどん失敗してください。失敗の数だけ、人は大きく、賢くなれます。失敗を怖れて、何もしない。それこそが本物の失敗だと私は思います。

長所を見るか、短所を見るか

「やってみせ、言って聞かせて、させてみせ、ほめてやらねば、人は動かじ」は大日本帝国の海軍大将、山本五十六の言葉です。

私は博物館でたくさんの子どもたちに接しています。会社でも経営者として多くの社員を見てきました。その経験から、山本五十六が言うとおり、人は長所を見てほめてやらないと成長しないことを痛感しています。

できないところや短所ばかり指摘して、「ここがダメだ。もっとこうせい！」「なぜこうしないんだ！」と怒っても、人はやる気になりません。

会社員ならいやいや命令に従うかもしれませんが、子どもは正直なので、まったくやる気を起こさない。無理やりやらせると、登校拒否になってしまう可能性もあります。

長所を見るか、短所を見るか。どこに注目するかの視点の問題でしょう。

「長所が見つからないときはどうしたらいいんでしょう」と聞かれることがありますが、それは見つけようと思って見ないから、見つからないのです。

「落ち着きがない子」は別の見方をすれば、「好奇心いっぱいで、興味の対象がいっぱいある子」です。「いろいろ関心があってすごいね。そのエネルギーをいちばん興味があることに向けてごらん」とほめてやれば、子どもは一気にやる気を出します。

長所を見るか、短所を見るかは、ものごとをポジティブに見るか、ネガティブに見るかとも関係していると思います。私は、人生で起きたことすべては楽しかったとポジティブに考えています。私の人生で唯一悲しかったのは、妻が亡くなったときぐらい。それ以外は、すべてが楽しい。

もちろん、私が何でも思ったことをズケズケ言うたちなので、人と意見が激しく対立することもあります。どうにも溝が埋められなくて、所有地に動物の死骸が置かれるようないやがらせを受けたこともあります。

そうしたことも含めて、私は人生すべてが楽しいと思っています。いつも明るくて楽しいところに焦点を当てて、見ているからでしょう。人生のつらくて、苦しいところばかり見ていたら、私の人生も、ひと一倍苦労の多い大変な人生と言えなくもありません。

でもネガティブなところは見ない。忘れてしまいます。ポジティブな生き方をしていると、自然にネガティブなことは忘れてしまうのです。

コップに半分入った水を見て、「まだ半分も残っている」と思うか、「もう半分しかない」と思うかの違いです。

人を見るときも、長所に目が行くか、短所に目が行くかは、自分の生き方と大きく関係しています。意識して長所を見る。ものごとをポジティブにとらえる。そういう習慣をつけておけば、自然と人の長所がわかって、人のことをほめられる人になります。

とくに子どもを教育する立場の人や、社員を育てる立場の経営者には、長所をサーチライトのように照らすポジティブな見方が必要だと思います。

先走りして心配するのは不要

最近の親は、何でもかんでも先回りして心配しすぎです。何かあってはいけないと、危険なものはあらかじめ取り除いたり、危ない場所には近寄らないよう、予防線を張ったりします。

それが子どもの手足を縛り、伸びる芽を摘んでいることがわからないのでしょうか。

盆栽みたいにちんまりと縮こまった人間にするつもりですか？

草でも木でも子どもでも、自分の力で太陽に向かってぐんぐん伸びていきます。その力に任せてやればいいと思います。もちろん日照りが続いたら、水をやったり、ときには肥料をあげることも必要かもしれません。でもそれは最低限でいい。

子どもが自分で生きる力をもっと信じてやってほしいのです。なぜそう思うのかというと、親は一生子どもの世話を焼き続けることができないからです。

当然ですが、親の寿命のほうが、子どもの寿命より先に尽きる。親のほうが先に死にます。親が先回りして、子どもの面倒を見ていたら、親が亡くなったとたん、子どもは途方にくれるでしょう。自分で生きる力を身につけておかないと、後で困るのは子どもです。

私はアメリカで、自立して生きている学生をたくさん見てきました。中には大学の学費を捻出するため、自ら志願してベトナム戦争へ行く学生もいました。まさに自分の命と引き換えに、大学の奨学金をもらって勉強する。だから学ぶ意欲が違います。

喉も渇いていないのに、無理やり水辺につれてこられた馬が、「さあ、水を飲め」と言われてはたして水を飲むでしょうか。〝知識という水〟を飲むのは、喉が渇いて、自ら水辺にやってきた馬だけです。

心配だから、大学へ行け。心配だからいい企業に就職しろ。心配だから結婚して、家庭を持て。それらはみな余計な心配、余計なお世話です。子どもの人生は子どものもの。あなたの人生ではありません。子どもの生きる力を信じて、自由にさせてあげてください。

親の役目は見守ること。心配して手を出すことではない、ということを肝に銘じて、心配するのはほどほどにしてほしいと思います。

第七章

庶民の歴史や文化を後世に残す

君子三楽が私の生き方

私は「君子三楽」を座右の銘にしています。「君子三楽」は古い中国の言葉です。原文は孟子の言葉で、「君子有三楽　而王天下　不與存焉」（君子に三楽あり、しかして天下に王たるは　あずかり存せず）となっています。

君子のような立派な人物には3つの楽しみがありますが、天下の王となることはその中に含まれません。3つの楽しみとは(1)父母兄弟とも健在で無事であること、(2)誰が見ても恥ずかしくない生き方をしていること、(3)天下の英才を見つけて、その成長を助けること、です。

私は大黒町商店街の再生を手がけてからというもの、あちこちの団体や事業者の集まり、行政からも声がかかるようになりました。行政にもの申すことも多いので、「県議会選挙に出ませんか」とか「市長選に立候補してください」と声がかかることもあります。

とんでもない話です。私は政治の世界でも、ビジネスの世界でも、天下を取ってやろうなどと思ったことはただの一度もありません。私がやりたいのは、正しく世をおさめられる人を応援すること、それだけです。

つまり天下をおさめられるような英才を見つけて、育てたいのです。私は裏方がいい。表にしゃしゃり出て、自分が目立とうなどという野心はまったくありません。

結果的に、目立ってしまうこともあるのですが、それは私の意図したことではありません。何しろ、行政はかたつむりほども動かない。しびれを切らして、私がもの申すと、ほかに誰も私のようにズケズケと意見を言う人はいないので、〝悪目立ち〟しているだけです。

また私はお金儲けをしようと思ったことも一度もありません。お金儲けをしたいなら、博物館などつくっていません。毎年赤字を出しながら、それでも33年間も続けてきたのは、「君子三楽」の楽しみがあったからです。

お金儲けをするのが楽しいか。才能を見つけて育てるのが楽しいか。みなさんならどちらが楽しいと思いますか。

私は断然、後者です。お金などいくら儲けても死んでしまえば、それでおしまいです。あの世に持っていくことはできません。

でも、人を育てればその人が世の中の役に立ち、影響を受けた人がまた育って世の中に貢献する。自分がやったことが形になってずっと後世に続いていくわけです。死んだあともずっと楽しみは続いていく。こんなに楽しいことはないではありませんか。

だから君子は三楽を選んだのです。私は君子ではありませんが、これからも君子のように三楽を追求していきたいと思います。

DVRがこれからの博物館を支える

アメリカはドネーション（寄付）の文化が発達した国です。おそらくキリスト教の影響があるのでしょう。日曜日の礼拝に参加すると、寄付のお金を入れる袋や器が座席に回ってきます。

礼拝に参加した人は、当たり前のように、なにがしかのお金を寄付するのが習わしです。バザーでお金を稼いで、教会に寄付することもよくやっています。だいたい収入の1割くらいは寄付するのが普通のようです。

またボランティア活動も盛んです。地域の清掃や炊き出しなどはよく行われていました。無償で手伝う文化はアメリカにしっかり根付いていて、子どもでもボランティア活動に参加するのは当たり前でした。これもキリスト教の影響でしょう。

　またアメリカではリノベーションも盛んです。アメリカは大量生産、大量消費のイメージがありますが、一方で、まだ使えるものは再利用したり、修理したりして使い切る質実剛健の文化もあります。

　彼らはＤＩＹ（Do it yourself）が得意ですから、器用に修理したり、つくりかえて、古いものでも大切に使っています。リノベーションの文化があるので、やたらと新しいモノを買いません。

　つまりドネーション（Ｄ）、ボランティア（Ｖ）、リノベーション（Ｒ）の文化が根付いているのです。ＤＶＲが盛んだと、博物館運営も非常に楽になります。私は今、自分の私財を投じて「福山自動車時計博物館」を維持していますが、そうしたこともしなくてすむでしょう。

　日本はアメリカ、中国に次ぐ世界で3番目に豊かな国なのですから、自分の財産を増やすことばかりに血眼にならないで、世のため、人のために尽くす生き方を追求してもいいのではないでしょうか。

DVRはこれからの日本人の生き方を考えるひとつの方向性になるのではないかと私は思っています。

「ノーモア広島」を忘れるな！

私が小学校に入学したとき、かなりの友だちが戦争によって父親を亡くしていました。

街角には軍隊の帽子と白衣の着物を着た傷痍軍人の方が、アコーディオンを弾いたり、あるいはただ地面にひれ伏して、道ゆく人たちからお金をもらっていました。中には松葉杖をつき、片足がなかったり、失明したのか色眼鏡をかけていたり、腕のない人もいました。

私の父も昭和12年の南京戦の際、銃弾が右足を貫通して、傷痍軍人になり、いったん帰国しています。しかし昭和19年、戦局が悪くなり、母と私や姉たち4人を残して下関から出兵しました。

父は台湾まで出兵しましたが、運良く昭和21年に帰国することができました。しかし福山から出兵した福山歩兵第41連隊は、フィリピンのタクロバンなどミンダナオ島の激戦でほとんどの兵隊が亡くなりました。私のクラスメートに父親がいない生徒が多かったのは、そのためです。

また本土に残った者たちも無事ではありませんでした。昭和20年8月6日午前8時15分。広島に原子爆弾が投下され、広島の街は一瞬で消滅しました。56万人の人たちが被爆し、約16万人が亡くなったといわれています。

その2日後、福山の街も空襲に見舞われました。8月8日、夜10時過ぎ、B－29爆撃機91機による空襲を受け、市街地は壊滅的な被害を受けたのです。雨あられのように降り注ぐ焼夷弾は街中を焼き尽くし、多くの人が亡くなりました。

福山城の天守もこのとき焼け落ちてしまいました。空襲によって、親や親戚が亡くなり、子どもだけが取り残された家庭も少なくありませんでした。戦災孤児といわれる子どもたちが莫大な数いたのです。

子どもを残し、亡くなった人たちのことを私たちは考えたことがあるでしょうか。食べ物もなく、いつもお腹をすかせている生活や、電気が停電するのは当たり前という生活を考えたことがあるでしょうか。

戦争を経験していない戦後生まれの人たちは、戦争はゲームとしか思っていません。おそろしい時代です。戦争はゲームではありません。人が死ぬ現実の出来事です。二度と戦争をしてはいけないのです。

政治家や財閥や高級官僚の息子たちは戦場には行きません。徴兵にさえ応じなかった人もいたと聞きます。今のロシアやウクライナでも同じようなことが起きています。富裕層の人たちはお金で徴兵を避けられるそうです。

庶民の中には日本の『きけ、わだつみの声』のように、息子すべてを失った家族もいるというのにです。

広島県呉市にある「大和ミュージアム」では、レコードに録音された兵隊の肉声もあります。戦争を知らない世代は、戦争が悲惨だということを勉強しなければなりません。

「ノーモア広島」「ノーモア戦争」。過去の歴史と過ちを私たちは忘れてはいけないのです。

なぜ歴史文化を守らないのだ⁉

福山駅南側一帯の駅前を再整備する大規模プロジェクトが立ち上がったのは平成21年のことでした。「新幹線が停まる福山駅前を備後都市圏最大の駅前ターミナルにしてほしい」という福山商工会議所からの要望に、当時の市長や行政、ＪＲが乗っかったのが、プロジェクトの経緯のようです。

しかし南側のこのエリアからは福山城の外堀の石垣が当時のままの状態で出土したのです。さかのぼること平成17年、駅北側でも、マンション建設用地から福山城の外堀の石垣が出土しています。

市はマンション建設業者に、歴史的な遺産である石垣を処分してもよいとしました。そんなことは到底できません。このときの石垣は、私と實相寺が名乗り出て引き取り、寺の石垣として移築したり、参道の石畳にリサイクルしました。

駅南側からも同様に、堀の石垣が見つかったのです。福山城は築城４００年を誇る歴史的な遺構です。その石垣が当時のままの状態で見つかったのですから、当然、福山市には文化財を保存する義務があります。

しかし、市は「外堀の大部分は壊されていて、国史跡とはならない」として、堀の跡は埋めて、石垣は処分し、駅前にはタクシーとバスのロータリー、地下には巨大な自家用車送迎場をつくる計画を強行したのです。

私たちは代替案として、堀の遺構と石垣を生かした水辺公園を駅前につくることを提案し、「駅前広場を水辺公園に！」という署名運動を行いました。

この計画では、駅前に石垣に囲まれた水路がめぐり、たっぷりの緑が憩いの場を提供します。水路の周辺にはカフェや売店が立ち並び、人々が賑わいを見せるという計画です。

提案は大きな反響を呼び、署名は11万人分も集まりました。11万人といえば、福山市の人口の4分の1に当たります。それだけの人々が、水辺公園を支持したというのに、私たちの意見はまったく無視され、福山市は駅前にロータリーと地下送迎場を完成させました。

今、福山駅の南北には、無個性で無機質なロータリーが広がっています。せっかく新幹線の駅のすぐ近くに築城400年を誇る歴史的な福山城があるというのに、その遺産をまったく生かすことなく、どこにでもあるようなありふれた駅前広場をつくってしまったのです。

こんな平凡な駅前をつくるのに、何と24億円もの血税を注ぎ込んでいます。私は有志と一緒に、福山市の当時の市長を訴えました。この行政訴訟は4年間にわたり、最高裁に上告しましたが敗訴しました。

行政訴訟は、住民側にはほぼ勝ち目がないのはわかっていますが、それでも黙っているわけにはいきません。相手が誰だろうと、間違っていると思えば、意見を言う。それが私のやり方です。誰もが見て見ぬふりをする利権がらみの案件にも、平気で切り込んで正論を述べさせてもらうので、私や家族のところに首のない猫の死体が送りつけられてきたこともあります。

そんな脅しに負けるような私ではありません。これからも私は歴史と文化とかつて生きた人々の生活の記録を守るために戦い続けます。それは次に生きる人たち、未来のためでもあります。

思い、言い続ければ、必ず成る。「思言成」の精神で、命がある限り、正しいことを言い続ける覚悟です。

おわりに

「福山自動車時計博物館」の待合室には誰でも記入できるノートが置いてあります。ノートには博物館を訪れた子どもたちや大人が、思い思いに感想を記していきます。遠く北海道から博物館を訪ねてきた人が、ボンネットバスに乗って、幸せだった子ども時代を思い出し、また前向きに生きていこうという気力がわいてきたという話や、なぜか、この博物館に来て、懐かしい車を見ていたら、血圧が下がったなどというエピソードが書かれていたこともあります。

また障がいのある男の子が博物館の自動車に乗るために、わざわざ埼玉から何度も訪問し、ノートに絵を描いていくのです。彼は私の誕生日にたくさんの車の絵を描いてプレゼントしてくれました。

もしかしたら、彼はそのうち画家になって、博物館に絵を寄贈してくれるかもしれません。今から私はその日が楽しみです。

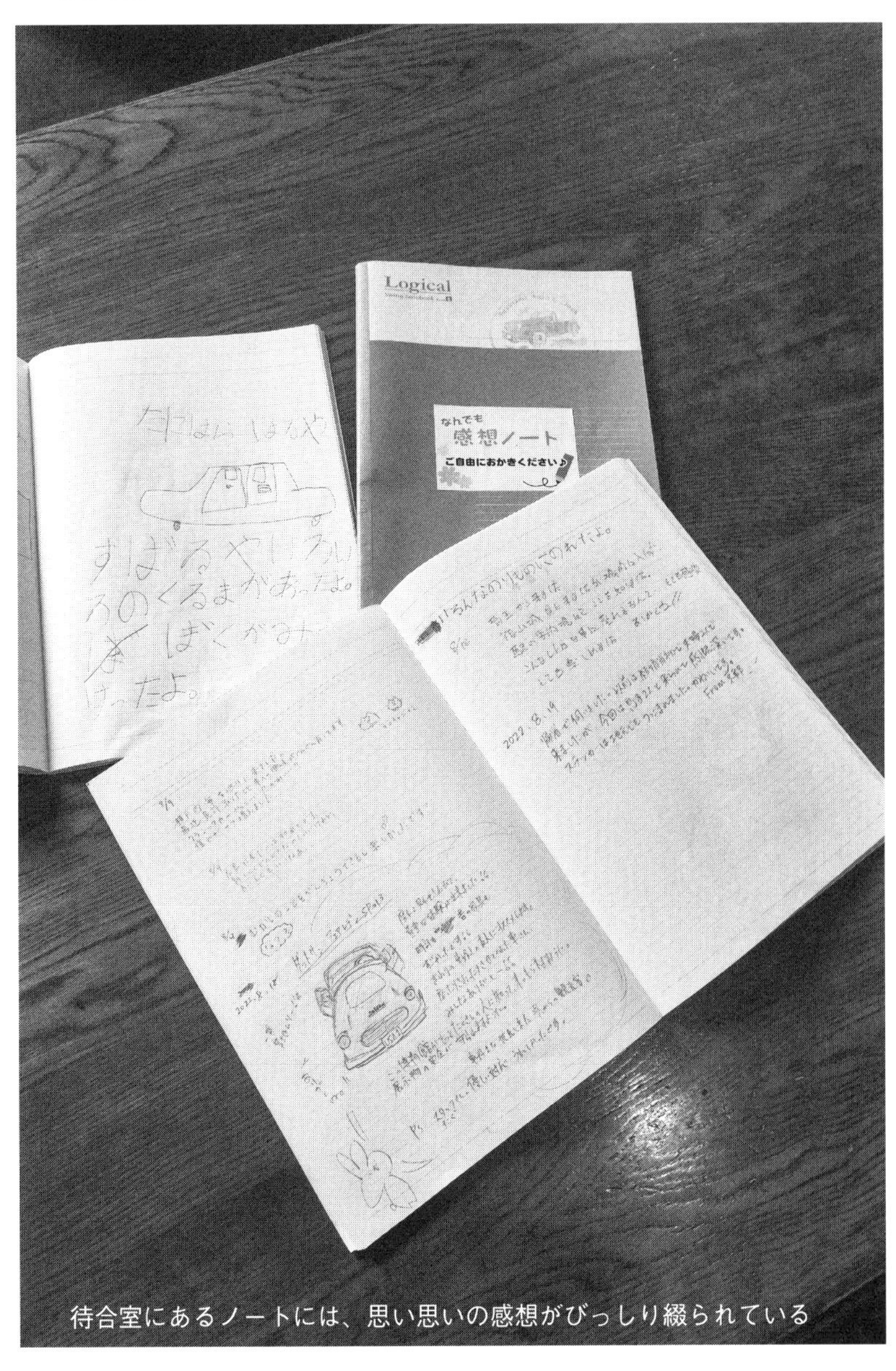

待合室にあるノートには、思い思いの感想がびっしり綴られている

ノートには訪ねてきた人の夢や思いや感想や正直な気持ちが書かれています。まだ字が書けない小さな子は一生懸命、自分が気に入った車や時計の絵を描いていきます。カップルで来た恋人同士は、二人で旅した記念に、ノートにひと言残していきます。それぞれの人生、それぞれの生活、それぞれの思いが、このノートの上で交錯して、またそれぞれの場所に帰っていく。

待合室のベンチに座りながら、私はときどきこのノートを眺めながら、思いにふけることがあります。

たくさんの人たちに、この博物館の展示物を見て、さわって、乗って、写真を撮ってもらいたい。好きなだけ体験して、実感と自信を持って帰っていってほしい。不安、不振、自信のなさは当館に捨て、自信を持って帰ってもらいたい。

ただそれだけのために、私は今日も博物館を開き、来館者を迎えます。

最後になりましたが本書の刊行は、月刊誌『ＰＨＰ』の前編集長で現在ＰＨＰ研究所理事の大谷泰志さんが「福山自動車時計博物館」を取材に来られたことに始まります。福山市出身の大谷さんが、古いものを大事にする姿勢と子どもに自信を与えるこの博物館の理念にご共鳴いただき、本書の刊行を勧めてくださいました。また、ご一緒に本づくりの労をとっていただいた會田広宣さん、編集にご協力いただいた辻由美子さんのおかげで本書を刊行できました。誠にありがとうございます。

日ごろから学芸員としてこの博物館の運営をサポートしてくれる副館長の宮本一輝さん、平林実来さんにも改めて感謝いたします。

33年にわたり「福山自動車時計博物館」を運営できているのは、多くの方々のご理解と励ましの賜物です。心よりお礼申し上げます。

能宗　孝

福山自動車時計博物館

【所在地】
〒720-0073　広島県福山市北吉津町三丁目１番22号
TEL：084-922-8188／FAX：084-922-8188
https://www.facm.net

【開館時間】 毎日午前９時～午後６時
【休館日】 なし、年中無休（年末年始も開館）

【入館料】
〔　〕内は優待割引料金、15名様以上の団体割引料金です

大人900円〔700円〕　65歳以上600円〔500円〕
中高生600円〔500円〕　小人３歳以上300円〔250円〕
障がい者の方　大人600円〔500円〕

入館料割引の日

毎週土曜日――――――――高校生以下無料
科学技術週間――――――――高校生以下無料
（４月18日を含む月曜から日曜日）
こどもの日（５月５日）―――高校生以下無料
時の記念日（６月10日）―――高校生以下無料
開館記念日――――――――全員割引
（７月４日の開館記念日に最も近い土・日曜日）

装　幀　小口翔平＋畑中 茜(tobufune)
編集協力　辻 由美子
写　真　後藤鐵郎

〈著者略歴〉
能宗　孝（のうそう・たかし）
株式会社菊屋マンション代表取締役、公益財団法人 能宗文化財団 福山自動車時計博物館館長。
1943年7月4日、福山市生まれ。広島大学附属福山高等学校から、中央大学を中退し、米国カンザス州立大学商学部に留学。米国留学から帰国後、家具販売・不動産業の株式会社菊屋に入社。その後「福山北部再開発努力会」を立ち上げ、鹿鳴館風の街づくりを推進する。

捨てずに生かす！
古いものほど価値がある

2023年4月3日　第1版第1刷発行

著　者　能宗　孝
発行者　村上雅基
発行所　株式会社ＰＨＰ研究所
京都本部 〒601-8411　京都市南区西九条北ノ内町11
マネジメント出版部　☎075-681-4437（編集）
東京本部 〒135-8137　江東区豊洲5-6-52
普及部　☎03-3520-9630（販売）
PHP INTERFACE　https://www.php.co.jp/
組　版　株式会社PHPエディターズ・グループ
印刷所
製本所　図書印刷株式会社

ISBN978-4-569-85423-6